目的に合わない進化 下

Unfit for Purpose
When Human Evolution Collides with the Modern World

アダム・ハート
by Adam Hart
柴田譲治 訳

進化と心身のミスマッチはなぜ起きる

原書房

目的に合わない進化　下

目次

第六章　ネットワークによる破壊的ダメージ　5
第七章　異常に暴力的な生物　49
第八章　嗜癖の必然性　89
第九章　フェイクニュースと思い込み　129
第十章　未来　165

訳者あとがき　187

原注　iii

上巻目次

第一章　歩くおしゃべりサル
第二章　脂肪の話をしよう
第三章　不耐症というパラドクス
第四章　内環境の変化
第五章　ストレス　救世主から殺し屋へ

第六章　ネットワークによる破壊的ダメージ

第五巻では現代世界がストレスで溢れ、こうしたストレスの多くが最近になって生じたという議論を展開した。現代の典型的な日常で遭遇するストレスの多くは、実質的にそれなしの生活など想像もできないと多くの人が当然のように思っているモノに集中的に現れている。携帯電話だ。ソーシャル・ネットワークからの通知のうっとうしさにしても、携帯電話のメールや接続性の滞りをなくすための常時接続文化にしても、携帯電話と、それによって接続可能になるバーチャル世界が問題となっていることは明らかだ。携帯電話は最も近い祖先でさえ（読者がそれほど若くないとして、わたしたちの両親の時代を想定している）想像もしなかったような方法でわたしたちと世界とを接続してしまうのだから、この革命的道具の扱いに苦労するのは当たり前だ。このようなテクノロジーによって起きる問題と、その問題がなぜ、現在とはまったく異なる世界にわたしたちを適応させてきた進化の歴史に原因があるのかを考える前に、ピピピピ鳴り、ブルブル震え、ストレスがたまり、気が散るこのプラスティックと金属、シリコンとレアアースでできた塊が、実際にどれほど強力な道具なのか見ておくのも何かの役に立つだろう。

携帯電話のショート・ヒストリー

一九八〇年代の計算機についていくらかでもご存じであれば、スーパーコンピューターＣｒａｙ－２（クレイツー）についても聞いたことがあるだろう。一九八五年時点で世界最速の計算機で、ＮＡＳＡと連邦政府の核兵器開発と極秘のソナー試験というスリラー作家も震え上がるような応用技術と組織に利用されるプロセッサーの絶対王者だった。このコンピューターは他にもフォード社の自動車設計や大学での機密性の低い研究にも用いられた。Ｃｒａｙ－２は確かに一九八〇年代中頃の最強コンピューターだったが、読者のポケットにある iPhone はそれより遥かにパワーがある。今や時代遅れとなった iPhone 4 でも無敵だったＣｒａｙ－２の三倍近い処理能力があるのだから、このデバイスが卓越したビデオカメラとなり、素晴らしいグラフィクスを提供してくれるのもまったくもって当然のことだ。またＣｒａｙ—２は大きな空間を占め、しかも複雑な組み込み冷却システムが欠かせないため、ポケットに入れて使うわけにはいかない。携帯電話がバッテリーを食い過ぎることに不満があるかもしれないが、Ｃｒａｙ—２には二〇〇キロワットの電力が必要で、自動車にすれば二六八馬力、つまりフルスペックのランド・ローバー・ディスカヴァリー・スポーツのパワーに匹敵する。一九六九年、ＮＡＳＡはニール・アームストロングとバズ・オルドリンを月面に着陸させ、マイケル・コリンズ（わたしはアポロ一一号の宇宙飛行士の中で最も興味深い人物だと思っている）は、月面から戻るふたりを回収するために月の周回軌道で待機させたが、この時コリンズが利用したのは、Ｃｒａｙ—２ト・システムわずか二台分の計算機パワーだった。最新の携帯電話の処理能力は一九六九年当時のＮＡＳＡより圧倒的に強力なため比較するのも難しいが、参考までに言えば、アポロ一一号の司令船に搭載され重量が約三〇キロあった誘導コンピューターの処理速度は〇・〇四四メガヘルツだった。ちなみに iPhone 5 の速度は一・三ギガヘルツなので、およそ三万倍速いことになる。飛行と宇宙飛行士の状態をモニターするために必要なプログラム・コードは六メガバイト。一方 iPhone5 は一ギガバイトのファイルを保存できるのでおよそ一六七倍ということになるが、その用途はといえば、たとえば猫のくしゃみをビデオ撮影するために使っている。Ｃｒａｙ―２に対してあまりに失礼ではないだろうか。

強力なプロセッサーと大容量メモリーが素晴らしいのはその通りだが、所詮それらは携帯電話の性能を測る尺度に過ぎない。携帯電話がここまで普及した真の尺度は、それが日常生活に浸透し、至るところに存在することと、率直に言えば、その絶対的必要性にある。実際ほとんどの人が携帯電話を保有し、常に持ち歩き、ありとあらゆることに利用している。電話のそもそもの機能は声でメッセージを伝えることにあった。それは電信の技術から一歩進んだ技術に過ぎなかったが、その後電話は「重要なメッセージ」を伝達する道具から「日常的な会話」のための道具へと変化した。同じように携帯電話もかつては移動中に連絡を取る業務用の道具で、電話を耳元まで近づけるだけの腕力のあるヤッピーたちエリートサラリーマンにとっては一九八〇年代の究極のアクセサリーだったが、今では決定的に重要なテクノロジーとなった。わたしたちはこの携帯電話を主な道具として使い、本章のテーマの中心となるもの、現代的生活の中核となっているシステムを構築している。それが仮想的なソーシャル・ネットワークだ。

ソーシャルメディアの台頭

最近一五年ぐらいの間、完全にオフグリッドな生活つまり完全な自給自足生活でもしていない限り、「ソーシャルメディア」という言葉から逃れることはできなかったはずだ。ソーシャルメディアもはじめは「伝統的メディア」から配信される多くのニュース記事が主だったが、そのうちツイッターの常連となった有名人の考えや意見で賑やかになった。バーチャル世界では褒めそやされ、インスタグラムに何枚か見事な画像を投稿して何千ものフォロワーがついたとか、ツイートがたまたまバズったとかで「インフルエンサー」と言われる地位を得たバーチャル世界の有名人が、リアルな世界ではまったく無名といったこともよくある。インスタフェイマス（インスタグラムで有名な）、インフルエンサー、ツイート、フェイスブック友達、いいね、バズるなど、文字通りこれらの言葉や言い回しは一五年前にはまったく意味を成さなかった。ソーシャルメディアがこれほど大きく成長した主な理由は、スマートフォンを使えばバーチャル世界と簡単に、確実にそして安価にやり取りできる点にある。近況を更新したり、デジタルカメラのカードスロットから写真一枚を投稿するのに、いちいちデスクトップ型のコンピューターでログインしなければならなかったら、これほど多くの人が煩わしい思いをさせられるような環境は成長しなかっただろう。確かに一時間に何度も操作しなければならないわずらわしさは御免こうむりたいものだ。それでも今やこのスマートフォンがあるおかげで、多くの人にとって、これまで進化を展開してきた「現実世界」より、今も接続している全く異なる世界、バーチャル世界の方が重要になっている。さらに超現実的な大規模多人数同時参加型オンラインゲームやダーク・ウェブ、バーチャル経済に手を染めれば、たちどころに深みにはまるのは目に見えている。

著者自身の能力を遥かに超えて深みにはまってしまう前に、ここで闘うべき土俵を定義しておくべきだろう。わたしが主に関心を持っているのは、わたしたちがもはや生きていない過去の世界に適合するように進化してきた人間の動物的側面、つまり進化的過去においてはむしろ役立っていた特徴が、人間自らが環境を改変した今ではあだとなっている問題だ。人間とバーチャル世界との相互作用を探究する科学はまだ産声を上げたばかりだ。極めて没入性の高いバーチャル世界で「迷子」になった人たちの心理学は実に興味深いもので、間違いなくわたしたちの抽象的思考への傾倒と中毒性の傾向にも関連している（第八章）。しかし、進化的遺産という枠組みの中で最もうまく説明できるのは、わたしたちとソーシャル・ネットワークの間のもっと日常的な関係であり、特にそのネットワークの規模との関係だ。極めて広範な人々に影響を及ぼすのもバーチャル世界の特徴で、フェイスブックには二三億八〇〇〇万人ものユーザーがいて、インスタグラムには一〇億人のアクティブ・ユーザー（毎月このプラットフォームを利用するユーザー）がいる。ソーシャルメディア評論家の評価を信じるとするなら、ツイッターは急速に支持を失っているが、そのツイッターですら三億二〇〇〇万人以上のアクティブ・ユーザーを有し、その規模は大雑把にアメリカの全人口に匹敵する。このようなソーシャルメディアは、進化した自己と、わたしたちのテクノロジーが生みだした大規模に接続し合った世界との関係を研究する理想的な場でもある。少なくとも今のところはそう言えるが、すでに見てきたようにこの世界は急速に変化している。

端的に言えば、ソーシャルメディアはコンピューター・ベースの双方向性アプリケーションで、共通の関心や考えを持つ人、あるいは情報を必要としたり、その他ありとあらゆる理由で互いにつながり合うことが好きな人たちのネットワークを作ったり参加したりすることができる。つながりを求める人の理由のいくつかは素晴らしく健全で、プラットフォーム上に形成された人々のネットワークでたとえばアートや音楽、書籍の楽しみを分かち合える。ソーシャル・ネットワークのプラットフォームとして最も多く利用されているのがフェイスブックで、世界中で数十億人が旧友と連絡を取るために、また新しい友達のネットワークを作るために利用している。その新しい友達の多くは直接には会ったこともない。もちろん人とつながることでバーチャルなソーシャル・ネットワークを作りたい理由には健全とは言えないものも多い。過激でおそらくは非合法な政治的イデオロギーを共有したり、性的パートナーを見つけるとか、ポルノを閲覧したり（この場合「閲覧する」という動詞を使うのは正しいのだろうか）、無許可のモノや情報（たとえば幼児ポルノや非合法の野生動物製品、爆弾製造指導書、ドラッグや銃など）を販売したりする欲望も潜んでいるだろう。

　わたしはフェイスブックを通して親睦を深めるといった感じで多くの人と交流しているが、フェイスブック上の友人たちとは実際に会ったことはない。わたしたちは他の友達を介して、また共通する興味を介してつながっているのである。同じように、わたしはツイッターを介して非常に多くの人を知っているが、現実の生活の中で会ったことは一度もない。わたしにとって、そして多くの人にとっても、こうしたオンラインでのバーチャルな関係は非常に便利で充実感も得られる。職業がら、わたしはソーシャルメディアを通じた交流を増やしていて、共同研究者を募ったり、放送の機会を得たり、契約条件について話したり、ちょうど今も考えていたところだったのだが、本書の編集長ともソーシャルメディアを介してやり取りをしている。ソーシャルメディアは、多くの場合そうだと思うのだが、わたしたちの生活の中でも非常に重要で大切な部分を占めるようになっている。正直に言ってツイッターとフェイスブックでわたしの人生は豊かになったし、それらを使うことを楽しんでもいる。しかし、わたしが現在知っているだけでもフェイスブックをやめるとかツイッターをひと休みすると投稿する人もいるので、すべての人がわたしと同じように感じているわけではない。

ソーシャルメディアは有害か

ソーシャルメディアとオンライン・ソーシャル・ネットワークはわたしたちにとってある意味で有害であるとする見方は、ソーシャルメディアが定着し始めるとすぐに現れた。二〇〇六年時点のソーシャルメディアの景観は、現在おなじみとなっているものとはまったく異なっていた。フェイスブックの公開開始は同年九月からで、ツイッターは二〇〇六年七月に登場したばかり、インスタグラムに至ってはまだケヴィン・シストロムとマイク・

クリーガーの瞼の奥でちらついているに過ぎなかった。シストロムとクリーガーのふたりがインスタグラム社を立ち上げるのはそれから四年後のことだ。後にビッグスリーが覇権を握るまで、二大プレーヤーとして君臨したのがフレンドスター（Friendster）とマイスペース（Myspace）だった。フレンドスターは二〇〇二年に公開されたソーシャル・ネットワーキング・サイトだが、フェイスブックの登場で急激に影が薄くなり、二〇一一年にはソーシャル・ゲーミング・サイトに姿を変え二〇一五年には一時停止状態となり、ついに二〇一八年には苦悶から解放された。正直に言うと、わたしが初めてそのことを知ったのは、この節を書くために資料を読みあさっている時だった。マイスペースは今の若いネット・ユーザーはほとんど知らないだろうが、二〇〇五年から二〇〇八年にかけては世界最大のソーシャルメディア・プラットフォームだった。フレンドスターとは違い、わたしもマイスペースのことは知っていて、確かマイスペースのアカウントも持っていたはずだ。それでもフレンドスターと同様、やはりフェイスブックの衰えることを知らない成長の犠牲となったが、それでもマイスペースは少なくとも本書執筆時点では生き残っている。現在ではmyspaceと頭文字を小文字で表現しているマイスペースは、近年大規模なデータ流出で五〇〇〇万曲とユーザーがアップロードした一二年分のコンテンツを消失するなどの失態を立て続けに起こした。[1]

長期的な成功とはならなかったが、二〇〇六年にはマイスペースとフレンドスターの存在が、現在わたしたちが知っているようなソーシャルメディアの枠組みを構築し、その分野での初期の成功を収めたことが、オンライン・ソーシャル・ネットワーキングの幅広い影響に関する研究に熱心な社会学者の関心を集めた。オランダの研究者はフレンドスターとマイスペースを利用する未成年を調査し、オンライン・ソーシャル・ネットワーキングに関してふたつの潜在的問題を示してみせ、その後一五年にわたって心配の種を提供した。[2]具体的に言うと、研究者らはソーシャル・ネットワーキング・サイトを利用している未成年者（一〇歳から一九歳まで）がオンライン上の友人から受けた反応にもとづいて幸福感と社会的自尊感情を調査した。この時研究者らが発見したことは今となっては自明にも思える。プロフィールへの肯定的な反応（今日では利用したプラットフォームにもよるが、肯定的コメントとか、いいね、共有、リツイートあるいはフォロワーの増加ということになるだろう）はユーザーの幸福感と自尊感情を高め、否定的なフィードバック（否定的コメントか反応なし）なら逆の影響が出る。肯定的な影響も否定的な影響もソーシャル・ネットワーキング・サイトの利用が増えるほど増加した。ソーシャルメディア草創期の当時でさえ、ユーザーは肯定的な反応の波に乗り、バーチャル・ネットワークによってオンラインで他者から認められる数が積み上がることを通じて自尊感情と幸福感を高めていたが、否定的な反応に打ちのめされて気分が急降下することもあった。わたしも一ツイッター・ユーザーとして、投稿にいいねやリツイートが積み上がり、好意的なコメントを受け、さらに数百万ものフォロワーを持つ「スーパー・ユーザー」に関心を持ってもらえれば、少しは鼻高にもなる。中毒性があることは確かだし、わたしの場合は運よく否定的に反応する相手は無視つまりミュートする達人なのだが、逆もまた真なりということも想像できる。実際、運に恵まれない人がいることも確かで、どこのソーシャル・プラットフォームでも嫌がらせや軽蔑メールの嵐に巻き込まれた人を見かけるものだ。

　オンライン・ソーシャル・ネットワークが有害になる可能性に関する初期研究で、自尊感情と一般的な幸福感を調査している点が興味深い。自尊感情や幸福感への悪影響はここ一五年の間にも消えることはなく、自尊感情に関わる不安はフェイスブック上で見られる圧倒的に魅力的なユーザーの近況更新とインスタグラムの登場によってますます悪化することになった。インスタグラムは基本的には写真共有プラットフォームだが、平凡な休暇のスナップ写真を魅力たっぷりに見せるフィルターを簡単に使えることで、フリッカーなども含めた写真共有サイトの中で群を抜く存在となった。結局のところ、インスタグラムは「わたしの素敵な生活をご紹介」とキャプションを付けた写真を投稿し、「インスタ映え」するライフスタイルをプラットフォームの参加者全員に瞬時に伝えるシステムだ。直感的に言えば、強力なフィルターをかけて見栄えのするみんなの写真と、いかにも退屈な自分の日常生活を意識的にも潜在意識的にも比較することになり、いくら最強のエゴの持ち主であっても自尊感情を打ちのめされることは間違いないだろう。今度だけはこの直感が証拠によって裏付けられている。ソーシャルメディアのユーザー調査で、ソーシャルメディア・サイトはユーザーの半数以上に自分が無力であるか魅力がないと感じさせていることが報告されている。一方で自撮り画像を観賞する人（自分で自分自身を撮影した写真を観賞する人）の調査からは、利用によって自尊感情が低下することがわかった。自撮り画像をしょっちゅう観賞していると実際にユーザーの生活の満足感が低下し、さらにその傾向が顕著に現れるのが人気者になりたいと思っている人だった。面白いのは「集団自撮り」観賞、つまり自分自身が参加している集団の写真を、メンバーの誰かが撮影し、それを観賞する場合は、正反対の結果になる。つまり自尊感情と生活の満足度が高まるのである。[3]自撮り写真はいわゆる「上方社会的比較」という形で他者との直接的な比較を促す。上方社会的比較とは、自分より優れていると認めている人物と自分自身を比較する傾向のことだ。一方で集団自撮りではこの種の比較は促されない。その代わりおそらく写真を見た時に、自分がどこにも所属していないという否定的な感覚ではなく、自分自身がその集団（普通は友人の集まり）の一員であるという肯定的な感覚に浸れるのである。

その後のソーシャル・ネットワーキングとソーシャルメディアの否定的影響に関する研究でも同じようなストーリーがさらに具体化され、おそらくは当時存亡の危機に怯えていた旧来メディアはみなその火を煽ろうと躍起になっていたに違いない。もちろんソーシャルメディアのストレスとともに大きく取り上げられたのがその相棒である「不安」だった（第五章）。さらにうつ病や嗜癖（詳しくは第八章）、睡眠障害（ストレスと不安につながることはもちろんだ）、人間関係の危機（かなりのストレス）、ねたみと孤独が加わり、最近では、現代的生活の病理のほとんどがソーシャル・ネットワーキングに原因があるかのように思われるようになった。これらの関連性を裏付ける証拠は、そろそろ慣れっこになってきたかもしれないが、複雑だ。ソーシャル・ネットワーキングの影響を高い信頼度で定量化することも難しいが、ソーシャルメディアの利用を監視し標準化して、潜在的な疾病の影響を調整することも難しいので、わたしたちにとってわかりやすい大まかな結論を出すことは非常に難しいのである。

　うつ病とソーシャル・ネットワーキングとの間の否定的な関係はおそらく最も複雑なものだろう。いくつかの研究からうつ病とソーシャル・ネットワーキングとの関連性は確かに見いだされている。たとえば二〇一二年には、研究者が親しみやすく若者と呼ぶ平均年齢が一九歳から二〇歳、一七〇〇人以上を被験者として、うつ病とソーシャルメディア利用との関連についてふたつの研究が行われた。その結果について社会学的、心理学的な衣をまとわせて手の込んだ質問をすることもできるが、基本的にわたしたちが知りたいのは、ソーシャルメディアの利用はうつ病の原因になるのかということだ。研究者が出した結論は、オンライン・ソーシャル・ネットワークの利用頻度との関係では、この質問の答えはノーだ。頻繁な利用とうつ病の関連性の証拠は見つからなかったのだ。それなら安心と言いたいところだが、さらに詳しく調査してみると様相が変わり、率直に言えば気がかりな結論が得られている。ソーシャル・ネットワーキングでの気まずい関係により時間とともに気分の落ち込みが増加し、ソーシャル・ネットワークの利用により累積的に無気力感や絶望感、憂うつ感が膨れあがるのだ。この研究者らはソーシャル・ネットワーキングを「若者が貧困な人間関係による抑うつ的な体験をする突出した場」と捉える。つまり若者が世界から見捨てられる経験をする場所だというのである。[4] また他と比べてリスクが高い若者もいるという同じ研究から得られた暫定的証拠も考慮すると、警報ベルが鳴り始める。「抑うつ的反芻」に陥りやすい若者の場合、心身の苦痛に意識が集中し、その結果として否定的な感情と問題が病的に固定すれば、ソーシャルメディアの悪影響の結果としてうつ症状を発症する可能性は高くなるだろう。こうした傾向の若者はソーシャル・ネットワーキングでの気まずい交流の後でさらに意気消沈することもあるだろう。従って、ソーシャル・ネットワーキングとうつ病の間に明快な関係性は見られないとしても、人によってはソーシャル・ネットワーキングによってメンタルヘルスの状態を悪化させてしまう傾向があることは明らかだ。今度見も知らぬ人の投稿にコメントを付けたくなったら、一呼吸置いてこの点に配慮することも必要だろう。

新たに二〇一六年に行われた別の研究では、複数のソーシャルメディア・プラットフォームを利用する一七〇〇名を被験者として、うつ病や不安症との関連性が調査された。その結果は非常に明快で、複数のプラットフォーム利用者はうつ病と不安症のリスクが三倍に増えることがわかった。しかしこの衝撃的な数字は、実際にはプラットフォーム利用が〇～二種類までという一般的な人たちと、七～一一種類という率直に言って利用しているプラットフォームが多すぎる人とを比較した結果だ。うつ病が増加する説明としては、他人の生活に偏見を持つことや、ソーシャルメディアに費やした時間を無駄にしたと感じてしまうこと、そしてネットいじめなどが挙げられている。ネットいじめは簡単にはなくなりそうにないが、このいじめの場で若者におけるソーシャル・ネットワーキングとうつ病の関連性、そして抑うつ的反芻[5]の作用をはっきりと見ることができる。結果として若者が自殺するとすればこれは大きな問題だろう。オンライン・ソーシャル・ネットワークというバーチャル世界でのやりとりの結果として若者が自殺するなど（おそらく最悪の不適応行為）、二〇年前ならディストピアＳＦ小説でのお話だった。それが今ではどうだろう、多くの親はわたしたちが創出したバーチャル世界を子どもたちが経験することについてとても心配している。そのことはよくわかる。もう一度言っておくと、わたしたちはバーチャル世界を生み出し、その人工的世界での交流が若者たちを自殺に追いやっているのである（そして、進化的視点からすれば、子孫を残さないことになる）。

　うつ病の他に、一般的な不安症とソーシャルメディアの利用を結びつける証拠もあるが、逆にソーシャルメディアによる不安の緩和を示唆する研究もある。[6] ソーシャルメディアと気分の関係になるともっと単純なようで、少なくともひとつの研究では、フェイスブックでの活動が気分と負の相関を示し、フェイスブックを利用するほど気分は悪くなると結論づけている。同じ研究ではインターネットの閲覧についてはそうした作用は見られなかったため、オンライン世界に没入しているだけで、つまり画面を見ている時間そのものが悪影響を及ぼすのではなく、気分が落ち込む原因はフェイスブックという特定のオンライン・ソーシャル・ネットワークに関係するのである。そして研究者は、フェイスブックで時間を無駄にしたと後悔することが落ち込みの理由と結論している。興味深いのは、フェイスブックを利用すれば否定的影響があるとわかっていても、きっと何かいいことがあるはずだと誤った期待をしてしまう都合の良い予測を断ち切れないことだ。利用すれば気分が悪くなるのは明らかなのに、逆にフェイスブックをやれば気分がよくなると期待してしまうのである。

　不安、ストレスそしてうつ病はどれも睡眠不足の原因となり、逆に睡眠不足がストレスと不安症の原因にもなる。いわば中毒性夜型生活のフィードバック・ループにオンライン・ソーシャル・ネットワークを取り込めば、新たな健康問題、不眠症の始まりだ。一八〜三〇歳の調査でオンライン・ソーシャル・ネットワークの利用と睡眠障害の関連が見られ、スマートフォンが発するブルーライトがその原因のひとつとされたが、スマートフォンに見入っていた時間ではなく、被験者がどのくらい頻繁にソーシャルメディア・サイトにログインしていたかの方が睡眠障害をうまく予測できた。この結果から、取り憑かれたようにソーシャルメディアをチェックするのは問題であることは示唆されたが、ソーシャルメディアが睡眠障害の原因なのか、そもそも睡眠障害がある人がソーシャルメディアに長時間アクセスしているのかはわからなかった。[7]因果関係は気むずかしい無慈悲の女王だ。

　状況は複雑だが、うつ病や不安症、不眠症のような特定の障害や疾患とソーシャル・ネットワーク利用の間に何らかの関連性があると言ってもいいのではないだろうか。では医学的視点からではなく健康や幸福感に関するもっと一般的な尺度で考えたらどうだろう。ソーシャル・ネットワーキングによって不幸な気分になるのだろうか。少なくとも二〇一八年に発表されたオランダでの調査によれば、一般的な答えとしてはノーだろう。この調査はオランダで二〇一二〜二〇一三年に実施された「社会科学のためのインターネットパネル調査」のデータをもとにしている。この調査で被験者は幸福感やソーシャル・ネットワーキング・サイトの利用など生活に関わる数多くの側面について報告し、そこから研究者らは友人や家族の質と量を推定できた。興味深い点として浮かび上がったのは調査の最後の項目だ。ソーシャル・ネットワーキング・サイトに費やした総時間と、社会的なつながりがなく孤独なユーザーの幸福感との間には関連性がないことが明らかにされたのである。この結果は他のインターネットサイトの利用時間や家庭の収入などの因子を考慮しても変わらなかった。[8]結局ここでもまた、人によってはオンライン・ソーシャル・ネットワーキングによる否定的な経験をしやすいという、お決まりのパターンとなった。

多くのオンライン・ソーシャル・ネットワーキング調査から見えてくるパラドクスは、友人がいれば人は幸せになり、健康になり、そして長寿に結びつくことが、多くの研究で一貫して示されている点だ。友人関係とは現実世界でのソーシャル・ネットワークであって、しっかりしたソーシャル・ネットワークを築くことは一般的に良いことであり、経験的証拠による膨大な裏付けもある。[9]それではオンラインのソーシャル・ネットワークやバーチャルな友人グループの場合はなぜ問題になるのだろうか。フェイスブックにアクセスすることが時間の浪費と感じることなど、否定的な関係性についてはすでにいくつか見てきたが、現代世界とわたしたちの進化との間の不適合とは結びつけられていない。少なくとも直接的に、また有意義な形では関連づけられていなかった。しかし、わたしたちの進化的過去には確かにオンライン世界と不整合を引き起こす側面があって、それによってバーチャルなソーシャル・ネットワークのとどまることを知らない拡大に関わる問題のいくつかを説明できるかもしれない。ずばり言うなら、わたしたちの脳が小さ過ぎてこの問題にうまく対処できないのだ。さらに詳しいことについては、動物園へ行ってみないといけない。

重要なのは毛づくろい

今度動物園へ行ったら霊長類コーナーを散策し、生物学上最も近い動物たちの前でじっくり過ごしてみよう。二、三分ざっと眺めると、バブーンやマカク、チンパンジーのおしりにはしりだこがあってとても目立つので、その面白い形が気になるところだが、もっとじっくり見てもらいたい。本当に見てもらいたいのは彼らの行動だ。それほど時間をかけなくても彼らが毛づくろいをする様子が見られるはずだ。

自分自身の毛づくろいをするセルフグルーミングは、自分の口と進化によって得た手足なども使って身体を清潔に保ち寄生虫がつかないようにすることで、動物世界では一般的にみられる行動だ。コール・ポーターの歌にもあるように、鳥だって、蜂だって、教養のあるノミだってしていることなのだ。無脊椎動物（蜂やノミ）は排泄物や菌類の胞子、ダニなどの望ましくないヒッチハイカーを外骨格から除去するためにセルフグルーミングをする。一方、鳥類や哺乳類の皮膚はもっと複雑な表面構造になっていて、寄生虫の除去も必要だが、さらに表面構造の機能を最大限に発揮させるためにも、体表面を清潔かつ適切に整えなければならない。鳥類の羽根は飛行翼面の性能を上げるため、裂けた羽があればファスナーを上げるように閉じる必要がある。哺乳類の場合は、毛がもつれて断熱性能が落ちてしまわないように汚れを落とす。さらに望ましくないダニやノミなど遠慮願いたい乗客を排除することに加え、時々セルフグルーミング（鳥類の場合、羽繕い）で身体を複雑にひねっているのは羽や毛に皮脂を塗り広げるためだ。鳥類には尾の付け根に尾腺があってそこから尾脂という皮脂が分泌される。この皮脂には防水と羽を整える働きがあり、これによって断熱がよくなり飛行もしやすくなる。人間も含め哺乳類には皮脂を分泌する皮脂腺があり、この皮脂で皮膚と毛を防水し滑らかにしている。セルフグルーミングはよく見られる行動で、その目立つ動作をひとたび目にすれば、クモやスズメでも、またチョウやクマであっても、グルーミングをしていることがすぐにわかるようになる。さらに動物一般に共通して見られるわけではないが、動物園で出会う多くの霊長類に非常にはっきりと見られるのが「社会的グルーミング」という現象だ。誰かをグルーミングし誰かからグルーミングされることだ。

霊長類の社会的グルーミングには、自分では届かない身体部分を他人にグルーミングしてもらうという単純な実用性を遥かに超えた利益がある。他人の手を借りられれば特にしつこい寄生虫を払い落とし、汚れを落とし、ドレッドヘアをほぐすのに都合がいいことは確かだが、社会的グルーミングにはもっと不思議な作用もある。グルーミングによって心拍数が下がるのである。それでグルーミングをする方もされる方も穏やかな気分になる。この結果（マカクや他の種でもみられる）は、人間がネコをなでると心拍数と血圧が下がるという今では十分裏付けられた事実と関係していることは確実だ。あなたのネコを社会的グルーミングすると脳卒中など、多くの場合、高血圧と直接関連する主要な致命的疾患に罹る確率が最大で三分の一にまで減少することが明らかにされている。こうした一方の種が他方の種をなでる生物種間のグルーミングの有用性と似た作用は、アカゲザルの研究からも得られている。アカゲザルを仲のよい人間がなでると、その個体が別のアカゲザルになでられたのと同じ緩和作用が生じるのである。ということはグルーミングの緩和効果を起こすには別に生物がいなくてもよいということもなきにしもあらずだ。わたしは捕獲されたコロブス属のサルが柔らかいぬいぐるみを撫でているのを見たことがあり、ふさふさしたウサギのぬいぐるみに関心を向けたそのサルの表情には至福の落ち着きが見られたのである。しかもこのグルーミングをしているサルが、オス集団に属するオスザルで、その集団の大多数が自分の性器をグルーミングの関心対象としていたことも実に興味深い。

わたしたちに最も近い生物であるチンパンジーとボノボが社会的グルーミングに活動時間の一〇パーセント以上を費やし[10]、わたしたちもグルーミングのような行為に強い生理学的反応を示すということは、社会的グルーミングには重要な進化的歴史があることが強く示唆される。人間同士の相互作用を観察してみても、お互いに髪をとかしたり（髪を長くした三人の娘を持つ父親として、わたしにはとても心穏やかになる交流とは思えないが）、お互いの服から糸くずを取ったりするといった、他の霊長類なら社会的グルーミングと捉えられるような多くの行為を見ることができる。

進化が追いつかず現代世界に対応できないままでいることを考える上で、社会的グルーミングはどんな位置づけになるのだろうか。ヒントのひとつは行動科学の用語である社会的グルーミングをもっと広い意味で捉えることにある。社会的グルーミングは、肌と毛の質と状態を保つ行為でもあるが、もっと重要なのは社会的関係を結びやすくする行為でもあることだ[11]。社会的グルーミングは、要するに個人同士を結びつけて協働と連帯を生み育むことであり、グルーミングによって結ばれた個体同士に利益をもたらす関係と友情を維持し強固にする。実際、グルーミングの最も重要な機能は寄生虫を除去したり毛の状態を整えたりすることではなく（最初は進化による選択に有利な特性だった可能性はある）、ソーシャル・ネットワークと社会的関係を構築し、発展させ、さらに強化することにあるというのが、霊長類の社会的グルーミング研究でのおおよそのコンセンサスとなっている。ほとんどの霊長類研究者が執拗に避けようとする日常的な表現を使えば、サルが互いに相手の身体をつまみ合って毛をほぐしたり、ダニを食べたりしている時、本当は要するに友達になろうとしているのである。グルーミングという行動を通して優れたソーシャル・ネットワークを発展させることで、霊長類の集団は安定化し、数の力と競争上の優位性により集団メンバーに利益をもたらすことができた。個体は優れた集団に属する方が生きやすく、優れた集団のメンバー間には強力で安定した関係が維持される。さらにその集団内で、また多くの種内での連帯が築かれ、科学者はサルが対立する他のサルを助ける様子も観察していて、それは確かに友愛と表現するのが最も適しているような関係だ。こうした関係はグルーミングとも密接に関連し、さらにグルーミングは集団力学の非常に多くの多様な側面とも結びついている。従って社会的グルーミングの利益を社会的視点から捉えれば、友人の髪をとくことと、フェイスブック上で友達承認することとの間の相違と類似性の理解に必要な視点も得られるはずだ。

うわさ話の力

社会的グルーミングを広い文脈で捉えると、グルーミングに特徴的な身体的動きとは結びつかない行為も含まれてくる。たとえばうわさ話は他人に関する世間話だが、社会的グルーミングの一形態とも考えられ、他のグルーミングと同じように生理学的に有益な作用も生じる。うわさ話は、他の会話形態とは反対にコルチゾールの水準を低下させ（従ってストレスが低下する。それが好ましいことである理由については第五章参照）、オキシトシンの分泌レベルを増加させることが研究からわかっている。オキシトシンは社会的な絆や、生殖行為、出産、そして母親としての情緒的感情が生まれ、授乳が始まる産後期に重要な役割を果たすホルモンだ（第九章で信用や信頼について考える時に再び議論することになる）。うわさ話にはストレスを低減し人々を結束させるという二重の利点があり、身体的グルーミングで得られるのとまったく同じように個体間の絆を形成する。[12]このように、人間に見られるうわさ話という行為はとても重要で、言語の進化に影響しているとする仮説もある。人類学者、進化心理学者で、霊長類行動を専門としているロビン・ダンバーは一九九六年に人間の言語は集団規模の拡大に応じた進化であると提起した。この仮説の根拠となる考え方は、集団が巨大化すると習慣的な社会的グルーミングの効果がまったく行き届かなくなるという点にある。集団が大きくなると単純に毛づくろいをする他人の背中が多くなり過ぎて、痒い自分の背中をかいてもらう相手も不足するということだ。大きな集団に所属すれば個体には利益（自らを効率的に防御でき、大型の獲物を捕らえることができるなど）が提供されるため、その集団の安定性の維持が重要になるのだが、こうしたソーシャル・ネットワークを創出し維持するために手作業のグルーミングに頼っていたのでは、単純に時間的な効率が悪過ぎて、他の作業ができなくなってしまう。ダンバーは、グルーミングの一形態として手っ取り早くて効率的な音声を使うことが言語の始まりだと提案し、最初は言葉とは言えないがお互いに楽しくなるような音声を発することで集団を効率的に結束させることができたと推測する。音声によるグルーミングが時間をかけて言語へと進化し、それに伴う数え切れないほどの利便性によってその後の言語の発達が導かれた、とダンバーは考えた。

ダンバーのうわさ話＝グルーミング仮説は批判された。最初の批判は、手を使ったグルーミングは時間と労力がかかるため、誠実で信頼できる友愛の証となるが、音声によるグルーミングではそうした証は得られないというものだった。言い換えるなら、音声では安っぽいということだ。こうした批判はあってもダンバーの言語仮説の核には、わたしたちの進化的遺産とオンライン・ソーシャル・ネットワーキングとの間の潜在的関連性を解明する上で、極めて興味深いアイデアがある。ダンバーの議論によれば、集団の規模は言語進化の重要な要因で、わたしたちの進化史のある時点で、集団規模の拡大により従来の社会的グルーミングでは現実世界でのソーシャル・ネットワークの発達と維持という重要な役割を果たせなくなったのである。[13] 集団規模はダンバーの最も有名な仕事の中心的概念でもあり、その理論には今では彼の名が冠され「ダンバー数」と呼ばれている。

ダンバー数

ダンバー数はわたしたちの社会的関係の限界を示す尺度である。安定した社会的関係を維持しつつ個人が把握できる人数の最大値で、集団内の全員を見知っていて、集団メンバーの相互関係も理解できる集団規模の最大値ということになる。わたしたちのソーシャル・

ネットワークの最大値の尺度であり、人間の場合その値は一〇〇人から二五〇人前後と算定され、一五〇人とされることも多い。ダンバー数とは、基本的に人がお互いを見知り社会的接触を維持できる人数のことだ。それは名前を知っている人の総数ではなく、かつて親しい関係にあったが今では関係のない人は含まない。ダンバーはこの数字について「たまたまバーでばったり会って、気兼ねなく一緒に飲むことができる知り合いの数」と説明している。ダンバー数は心地よさを感じられるソーシャル・ネットワークの構成人数の尺度で、友人がいることで幸福が感じられるようなネットワークだ。社会的な満足が得られる数字ということになる。

ダンバーは魔法を使ってどこからともなくこの数字を出してきたわけではなかった。わたしたちを生物学的に分析し、また霊長類としての人間を、霊長類に属する他の生物と比較することでこの結論に達している。[14]ダンバーは、霊長類の集団規模と脳の新皮質の体積をうまく関係づけられることを見いだした。哺乳類の脳の新皮質という部位は、思考や空間認知、言語など高次の機能と関連している。三八種類の霊長類に集団規模と新皮質の体積の間の関係が見られるのは、個体が同時に監視できる関係の数が、脳の情報処理能力によって制約されているためだと、ダンバーは示唆している。この処理能力そのものは新皮質のニューロンの数（体積を代理指標として使い測定される）による制約があり、このことから脳が大きいほどネットワークも大きくなるという明快な結論が得られる。集団がこのネットワークの規模の最大値（後にダンバー数として知られることになる）を超えると、その集団は不安定になり分裂が始まる。

人間以外の霊長類の研究から得られた新皮質の大きさと集団規模の間に見られる関係性から推定することで、わたしたちの脳の大きさから人間の最大集団規模を算定することができ、人間のダンバー数をおよそ一五〇と算出したのもこの方法による。ダンバーはさらにこのアイデアを発展させて自らの仮説を検証し、新石器時代の農村やローマ時代の軍隊の規模、そしてソーシャル・ネットワークを用いた求職活動など広範なデータから多くの裏付けを得ている。[15]直感的に言って魅力的であるし、わたしたちの経験とも矛盾しないアイデアだ。この仮説が正しいとすれば、進化的制約による社会の規模の限界より桁違いに大きいネットワークであるオンライン・ソーシャル・ネットワークにほぼ常時アクセスしていることで、わたしたちが問題を抱えるようになったことも説明できるはずだ。実際ダンバー数はわたしたちの社会的能力の尺度として幅広く応用され報告もされている。有名なアメリカの生物学者ポール・エーリックは二〇一五年にＡＢＣ放送の宗教に関する番組で、人間は数十億人が相互に接続した世界で生き延びようとする「小集団動物」だと述べている。このことについて「ザ・カンバセーション」ファクトチェック*で説明を求められた時、エーリックは「ダンバー数はおよそ一五〇で、狩猟採集集団の規模、クリスマスカードの宛先リストの数などに当たる。わたしが言いたいのは、人間は小集団の社会的動物だが、今では（文化が発展する中で）突如として非常に巨大化した集団の中で生きる道を探っている」と述べている。エーリックはこの数についてそれ以上正当化する必要は感じていなかったし、いつものように大部分の科学者の見解を投げ捨てるような辛辣な言葉を加える必要も感じていなかった。その後ダンバー数は広く受け入れられたように思えるのだが、ダンバー数とその現代生活における意味合いは、具体的な検証に耐えられるのだろうか。

*「ザ・カンバセーション」ファクトチェックは「ザ・カンバセーション」（The Conversation）というウェブサイトの一部。専門家が政治や科学、医学など広範にわたる話題を分析し事実を突き止める。「議論から混乱を排除する」ウェブサイトとしてよく知られている。https://theconversation.com/uk/factcheck

ダンバー数をさらに深掘りしてみる

ダンバー数は社会科学と人文科学において詳述や説明の道具として幅広く支持され、理論においても実践においても影響力を持っている。たとえばカナダ人ジャーナリストで作家のマルコム・グラッドウェルは優れた著書『ティッピング・ポイント――いかにして「小さな変化」が「大きな変化」を生み出すか』［高橋啓訳、飛鳥新社、二〇〇〇年］で、透湿防水性素材ゴアテックスのブランドで有名なW・L・ゴア・アンド・アソシエイツ社がダンバー数を応用してビジネス経営を成功させたことを解説している。同社では、製品ごとに一五〇人以下の従業員のチームを組織し、各チームに個別の工場を割り当てて生産過程を組織したのである。[16] ダンバー数を応用した規模と組織化により、従業員は互いのことをよく知っていて、製品生産における互いの関係についても理解し、お互い助け合える環境が生まれている。この集団規模が一五〇人を超えると集団の分割が始まり、新たなダンバー最適化集団が生まれる。少なくともこの企業の場合はこの手法が非常にうまくいった。しかし他の分野では、ダンバー数の理論的土台が攻撃の的となった。

ダンバー数は霊長類の新皮質の大きさと集団規模との相関関係に完全に依存している。

この方法論に対して、脳の進化、特に新皮質の進化を考える場合、非常に多くの要因が関わっているとする批判がある。人間はかなり大きい動物で、大型の動物は大きな新皮質を持つ傾向がある。たとえばマッコウクジラの新皮質は人間より一〇パーセント近く大きい。新皮質の大きさは集団の大きさだけでなく、縄張りの大きさや、一日の摂食と行動のパターンなど他の要因によってもうまく説明できることがわかっていて、一般的にこれらの相関と関係性の分析は複雑になる。脳の大きさの比較研究に関するある批判的レビュー論文によると、仮定やデータ収集そしてその後の分析に多くの本質的問題があり、「特に複雑な行動と、多くの機能を実行している脳の一部領域を相関させる分析」、要するに新皮質との相関性の導出に問題があると指摘する。[17] 一般的な見解としては、社会的行動と新皮質の体積には何らかの相関はあるだろうが、複数の形質が複雑に相互に関係し合い極度にもつれ合っている場合に特に言えることだが、相関関係は因果関係を意味するものではない、ということになるだろう。

人類学的証拠まで視野に入れると、ダンバー数にはさらに多くの欠点が見えてくる。人類学者のフランク・マーロウは、キャンプを張って移動生活をする狩猟採集民つまり「バンド」が三〇～五〇人の単位で構成されることから、この集団規模はダンバーの仮説に合わないことを示唆している。これに対してダンバーは、これらのバンドは不安定なことが多く、より大きな地域コミュニティーに組み込まれていると反論する。[18] また狩猟採集民のバンドや現代の企業の人間集団を比較する場合、実はまだ答えの見つかっていない重要な課題に突き当たる。それは人間の社会的進化に関する推論を導き出したい場合、どのような社会集団を対象として調査するのが適しているかという問題だ。こうした批判はあっても、ダンバーは「この規模の集団形成が人間の社会組織では頻繁に生じていて、さらに成人の個人的なソーシャル・ネットワーク規模の規範的限界であることを示す証拠が今や膨大に存在する」と主張する。証拠に関するダンバーの主張は正しいが、彼が根拠として引用している論文の多くはダンバー自身が共著者として名を連ねてもいた。そのこと自体は問題ではないが、科学的議論の信頼性を高めるにはもっと堅実な方法をとった方がいいだろう。ダンバーにとっては幸運にも、社会人類学の気まぐれな指摘や難解さ、そして説得力のある研究に必要な適切な集団の選択に関する議論から離れると、今では神経学の分野でダンバーを支持する確実な証拠がいくつか存在する。多くの研究で、ソーシャル・ネットワークの規模の差異と、社会的認知に関係する皮質などの脳領域の体積との相関が報告されていて、さらにストレスとの関連で興味深い（第五章参照）小脳扁桃との相関も指摘されている。[18]

人間の集団規模の目安として得られる数値はダンバー数だけというわけではない。人類学者のH・ラッセル・バーナード、ピーター・キルワースとその同僚は合衆国でのフィールド研究からこの数値を平均値二九〇人（およそダンバー数の二倍）、中央値としてはいわゆるバーナード＝キルワース数である二三一人を得ている。中央値というのはデータを順に並べた時に中央に位置する値のことで、この値が平均値より小さいということは、人によっては非常に大きなネットワークを持っているため平均値が押し上げられていることになる。ほとんど知られていないことだが、実はバーナード＝キルワース数はソーシャル・ネットワークに関するアンケートや、統計的手法を用いて人々のネットワークを推定するなど様々な方法を利用して非常によい裏付けが得られている。[19]

数々の批判やバーナード＝キルワース数という競合説はあるにせよ、全体的にはダンバー数は時の試練に耐えよく生き残ってきた。細かい点では批判を浴びたかもしれないが、意味のある社会的関係を把握する能力に上限があるという仮説は今では幅広く支持されている。さらに、途方もなく巨大なオンライン・ソーシャル・ネットワークに対しては、集団規模が数百人程度に収まっている限り、実際その程度だと思われるが、実はこの数の正確な値は問題にはならない。わたしたちの多くが、一〇〇〇人から一万人もの規模になりうる活動的なソーシャル・ネットワークを曲芸のように渡り歩いているのに、上限が一五〇人や二九〇人あるいは五〇〇人であることを気にする者はいないだろう。

さらに詳しい分析から、ダンバー数によってまとめられたソーシャル・ネットワーク内部の関係性は、常に同じではないことが示されていて、このことからソーシャル・ネットワーキングに進化的制約が存在する可能性について、深い洞察が得られる。ネットワークにはおよそ三～五、九～一五そして三〇～四五人位の集団のレイヤーが存在し、レイヤーの規模が大きくなるにつれ、個人同士の結びつきが希薄になり、そのことは情緒的親密度と相互作用の頻度として現れる。[20] こうしたレイヤー構造によって、小規模社会集団が常におそらく自発的に形成されていることを説明できるかもしれない。またこうした集団規模の特定に用いた手法を使えば、ダンバー数を超えた五〇〇人や一五〇〇人といったレイヤーの存在も説明できる可能性がある。わたしたちにとっていわば社会的太陽系の果てと言える集団規模は一五〇〇人だが、この領域では相互の関係性を把握する認知能力の限界というより、もっと基本的な限界に達する。それは顔を覚える能力の限界だ。[21]

このソーシャル・ネットワークの階層化分析はうまい方法で、理論全体と同じように極めて直感的でわかりやすいのだが、ここでもまた批判を受けほころびが出てくる。人と人との結びつきは感情的に単純なレイヤーケーキのような層になっているのではなく、人間の社会的な相互関係はもっと複雑で層を超えて接続し合っていることが明らかにされているからだ。レイヤーごとに異なる人間同士の様々な関係がいろいろな形で個人が生きる支えとなっているのだ。たとえば親密な家族であれば常に感情的な支えとなるし、次のレイヤーになる友人はたまにではあっても非常に重要な経済的支援をしてくれる場合もあるだろう。実際には親密性の定義には複数の方法があって、それにともなって人々は様々なレイヤーに置かれることになるのである。[22]

ダンバー数の概算数より遥かに大きなネットワーク規模の定義を試みる研究もある。二〇〇六年のある研究ではアメリカ人は平均六一〇人と知り合いで、中央値は五五〇人であることが示された。ネットワーク規模の広がりは実に幅広く、成人の九〇パーセントが二五〇人から一七一〇人を知っていて、五〇パーセントの人が四〇〇人から八〇〇人を知っていた。他にもマルタ周辺の人を調査した研究がある。ここでは社会の中に人々をつなぐネットワークができていて、そのネットワークのおかげでチャンスが広がり、便利なサービスが提供され、帰属意識を与えられているのだが、その集団数はおよそ一〇〇〇人だった。これらの研究をダンバー数に対する反論として利用するのは（実際にそうしている研究者もいる、[22]おそらく認識不足だろう。というのもダンバーはマルタで見られるような関係は定義に入れていないので、そもそも反論になっていない。どんな切り口から見るにせよ、また厳しい反論はあるにせよ、ダンバーの結論はほぼ変わらない。つまり社会的な相互作用には脳の限界による制約があって、数千人規模ではなく数百人のオーダーが限界なのである。ダンバー数を否定する研究によって得られた集団規模の上限を取ったとしても、一五〇〇人前後が限界で、わたしも含め非常に多くの人がユーザーとなっているオンライン・ソーシャル・ネットワークの規模と比べれば遥かに小さい数だ。

ソーシャルメディアは不適合なのか

現実世界のソーシャル・ネットワークの規模には進化による制約があり、その制約によりオンライン・ネットワークで一般に想定されるよりかなり低いレベルで集団規模の最大値に達することを認めるとして、ソーシャルメディアによって生じている問題は、進化の影響を受けている現実世界と構築されたバーチャル世界との間の不適合に原因があると言えるのだろうか。その答えは、おそるおそる言えばイエスだとわたしは思っている。

ダンバーが二〇一二年に行ったソーシャル・ネットワーキング・サイトの分析で、彼はオンライン・ネットワークは実は特に大きいわけではないと述べている。この二〇一二年という年を記憶しておいてもらおう。当時ツイッターのコミュニティーは一〇〇から二〇〇のオーダーで（もろにダンバー数の縄張りに入る）、「フェイスブック自身のデータからわかることだが、友達が膨大な数になるのが普通だとする同社の主張は、せいぜい誇張に過ぎない。確かに裾の重い分布［お友達がかなり多い人もいる］だが、お友達の平均値と最頻値［最も頻度が多い値］は実際には約一三〇だ[18]」。ここで興味深いのは、二〇一九年の段階でフェイスブックのお友達数は一五五人までしか伸びておらず、またもやダンバーの安全地帯にどんぴしゃで収まっていることだ。ツイッターは二〇一九年の平均フォロワー数は七〇七人だからこの安全地帯から外れてはいるのだが、この値ですら他の研究者が示している自然なネットワーク規模の範囲には収まっている。ツイッターで見られるこの大きな集団規模についてダンバーは次のように解釈する。このようなユーザーはソーシャルメディアを使って閲覧者数を稼ごうとしているプロか、一五〇～五〇〇人のレイヤーの知人を友人レイヤーへ無理矢理引っ張り込んで、結果的にお友達に格上げしているユーザーで、おそらく実際にはそれほど交流があるわけではなく、パブでたまたま会っても気兼ねなく飲める関係ではないはずだ。こうした相互作用つまりオンライン上の交流の質は劣悪なことも多く、簡単にいいねをポチッとするだけなのだから、現実生活でお互いを思いやる会話と比べれば圧倒的に薄っぺらな関係だろう。

　オンライン・ネットワークの平均的規模だけで見れば、わたしたちが何らかの不適合な状態にあるようには思えないが、こうした生の数字は確かに便利であるとしても、それですべてが説明できるわけではない。例えば、かなり多くのユーザーが平均的規模よりずっと大きな集団に参加しているわけで（その割合はユーザー全体でみた集団規模の分布に依存する）、彼らは通常の心地よく感じられる社会集団規模のおおよその最大値から大きく外れていることにゆくゆくは気付くことになる。さらにオンライン上のソーシャル・ネットワークは、多少の重なりはあるにしても現実世界のネットワークとは別に存在している。従って現実の生活での知り合いがダンバー数（あるいはどんな概算値を使うにしてもその数値）に近ければ、バーチャル世界のどんなに小さなネットワークに参加しても、現実世界でのネットワークも含めて考えればその数値はすぐに最大値に達することになる。わたしたちはひとつの世界を前提として進化してきたし、ダンバー数や他の社会的相互作用のモデルでもそうだが、ふたつのネットワークが異なる世界で並走し、しかもそのネットワーク間の交流は限定的であるといった事態は想定していない。わたしが主張したいのは、おそらく非常に多くの人が現実世界とバーチャル世界を合わせた複合的で複雑なソーシャル・ネットワークに関わっていて（両世界の接続が難しい場合もあるだろう）、その規模がわたしたちが進化して認知できるようになったソーシャル・ネットワークの大きさを遥かに超えているということだ。

単純に友達やフォロワーを数えただけでは、オンライン・ソーシャル・ネットワークの接続しやすさと薄っぺらな関係性を過小評価することになる。プライバシーの設定によっては、まったく見ず知らずの人があなたのネットワークに割り込み、コメントを残し、会話に口を挟み、あなたの意見に反対し、あなたを侮辱し脅すことさえある。こうした相互作用はソーシャル・ネットワーキングの直接的な結果として表れ、現実世界なら決して黙って許してはおけないところだが、バーチャル世界においてはまだ交戦規程を構築すべく学習している最中だ。さらにこれも個別の設定次第だが、こうした侵入がバーチャル世界で個人的な関心を引こうとするしつこい小さな通知に止まらず、仕事や現実世界のネットワークに影響を及ぼすことにもなるだろう。また、これまでも見てきたように、こうした相互作用が悲観的なものであれば、少なくとも一部には不安症やストレスそしてうつ病を発症する可能性が高まるだろう。

人類は支援と友愛を共有する小さなソーシャル・ネットワークを築き維持するように進化し、そうしたネットワークによって多くの選択的優位性を得てきた。人間は社会的動物であり一緒にいることで強くなる。わたしたちは時間をかけてどんどん大きなソーシャル・ネットワークを発展させてきたことは間違いないが、最近まではこうしたネットワークがうつ病などの疾患に関係したり、ストレスの原因として捉えられることはなかった。確かに多くの研究が友人の存在と社会的相互作用は圧倒的に健全であることを明らかにしてはいる。しかしこれまでのわずか一〇年くらいの間にオンライン世界が構築され、一部の人々にはそれが現実の世界環境の主要部分となり、巨大で圧倒的な規模になりうるネットワークを育む絶好の場となったのである。オンライン上のネットワークでは、現実世界での友情関係に必要な個人への配慮は必要ないだろうが、比較的地味なソーシャルメディアを少数利用するだけでも、相互作用の全体的な規模は大きくなり逃れようのない強迫観念が急速に高まる。わたしたちの脳ではこのようなネットワークに対応することは単純に不可能なのだ。わたしからのアドバイスとしては、あなたのためにならないなら関わるな、と言っておこう。必要があって利用する場合は、プライバシーと通知の設定をしっかり確認しておくことだ。そうしなければ常にスマートフォンがピピピ鳴ることになり、そんな事態はわたしたちの進化的背景には決して存在しなかったからだ。このコンテンツをツイートしたら評判になりそうな気がしてきた。ひょっとしたらバズるかな。

第七章　異常に暴力的な生物

暴力はどこにでもはびこる。日中でさえ、テレビを点ければランチを食べている最中に私立探偵マグナムや特攻野郎Aチームが暴れ回る。ストリーミングサービスを利用すれば、一九八〇年代に見られた振り付け過剰な殴り合いなど遠く及ばないおぞましい最新の過激な暴力シーンが、二四時間年中無休で流れている。映画館へ足を運べば多くの大ヒット映画でも重量級サイドディッシュとして薬物依存症や流血がつきものだ。こうして過激な暴力への強迫観念に囚われているかのようなエンターテインメント産業も、少なくとも重大ニュースとして報道されている事実と比べてみれば、ひょっとすると現実世界を反映しているに過ぎないのかもしれない。ニュースはいくら消費されても、ニュースは女性や男性、子ども、障害者、マイノリティー、年金生活者に対する人間による人間への直接暴力のかつてない吐き気のするような事例を混ぜっ返して延々と流し続ける。確かにこの社会には、暴力の嵐を逃れる場所はなさそうだ。相手を殴っては蹴り、打ちのめし、棍棒で叩いては刺し、そして撃つ。相手を容赦なく痛めつけ、再起不能にし、拷問にかけ殺害する。復讐のため、略奪のため、傷つけるため、怒りにまかせて、計画的にあるいはまったく考えもなしに攻撃する。戦争では政治的動機や宗教、恐怖、貪欲さから、さらに率直に言えば理由もわからないまま多くの死者が生み出され、死者数は甚大となり、その規模と身近さが日常となってしまう恐るべき統計を出現させるが、上に挙げた暴力はすべてがこうした戦争の恐怖を認識する以前から存在する。暴行、レイプ、傷害、殺人、謀殺、人道に反する罪そしてジェノサイドまでをマスコミが大きく取り上げる一方で、何百万もの人がお金を払って組織的でルールに則った暴力を視聴している。激しい怒りを発散させて収益を上げるように開発されてきた多くの格闘技だ。人間社会はこれほど暴力で溢れかえっているのだから、人間（ここでは男といった方が適切）は本質的に暴力的な生物であって、いたるところで相手の頭をかち割り、苦しみを拡大するよう遺伝的にあらかじめ設定されているとするわかりやすい結論に飛びついても無理はない。

人間が生まれつき持つ暗黒面（それともちろん後天的な暗黒面）に深入りする前に、用語について整理しておこう。もっと正確を期すなら世界保健機関（ＷＨＯ）の定義を借用する。「暴力」とは「自分自身や他人、あるいは集団やコミュニティーに対し意図的に物理的な力を用いることで、怪我や死亡、心理的危害、発育不全、剝奪をもたらすかその可能性の高いもの」。そんなことはわかりきったことで暴力は「見ればわかる」のだから説明されるまでもないと思われるかもしれないが、人間の暴力に関する文献は、科学的観点からは微妙な意味合いのある日常的な言葉のせいで混乱している。たとえば一九九〇年代に「攻撃」とは「物理的危害あるいは屈辱をそれを望まない他者に生ぜしめる」行動と定義されたが、暴力はこうした攻撃とは異なるものと理解されている。表面的にはよく似ているが、最近の研究によって攻撃の定義が非常に精密にされ、進化的利点についても明らかな形で取り込まれ、攻撃とは「自分の優位性と、それに伴う繁殖成功度を高めることを意図した」行動と規定され、一般には暴力と見なされないような非常に多くの行動までを含む定義となった。少なくともこの問題に関する何人かの評論家によれば、攻撃的行動に含まれる行為としては、自らの信念のために立ち上がることや自信に満ちた態度、必要な場合に他者を守ること、法執行や軍における任務、実務、法務を実行すること、スポーツ、政治そして科学的討論まで挙げられる。従って、暴力は攻撃の部分集合ということになる。[1]攻撃のさらに小さな部分集合で、暴力の部分集合にもなっているのが「致死的暴力」

だ。他人を殺害することは人間の攻撃スペクトルの最もはずれに位置し、二十一世紀において最も懸念される種類の行動であることは間違いないので、本章でも焦点を当てることになる。また日常生活における攻撃の作用と優位性の主張《マウンティング》は、現在展開しているもっぱら不快極まりない政治討論や巨大企業の貪欲な本性にもはっきり見て取ることができる。こうした行動へ向かう傾向が進化の結果なら、自然選択と遺伝学が何らかの役割を果たしているだろうし、そうであればこれらの行動についてここで取り上げるのも適切だろう。しかし、これはわたしの著書であり、わたしは致死的暴力に注目したい。それがお気に召さないとあれば、ちょっと外へ出て話をつけましょうか……

暴力は進化の結果か

人間の暴力がどこにでも見られること、そして文字通り「血まみれの事件の連続」といえる歴史を背景にして、今日の暴力は現代社会とわたしたちの進化的過去との不適合であるという必然的な結論に導く進化シナリオを構成するのは極めて容易だ。そんなシナリオはたいてい次のようになる（もちろんこの後すぐにわかるが、多くの潜在的問題もある）。

暴力は種にかかわらず、暴力的な個体に大きな利益をもたらすことがある。力が強く、激しい暴力で他を打ち負かせるオスは、メスに接近できる頻度が増え多くの子孫を残せるようになるだろう。また性別にかかわらず、競争相手に対して素朴な実力行使に打って出れば、縄張りや食糧、水、その他にも巣作り材料などの資源を得る機会が増える。暴力によって非常に差し迫った問題を解決できるのである。

わたしたちは社会的動物だ。初期（といっても最古という意味ではない）の人類は他の集団を暴力で打ち負かして資源を獲得し、勝利した集団メンバーの利益につながった。このような集団は家族を基盤とすることが多く、遺伝的特徴の共有という背景もある。また暴力的な個体は他者による攻撃から自らを防御する優れた能力を持つという点でも有利だった。

暴力はもっと複雑な行動の要素にもなり、おそらくテストステロンの分泌水準によって調整され、無慈悲や自己主張といった潜在的に有益な形質と結びついているだろう。こうした形質をもつ暴力的な個体はその集団内でいっそう社会的優位性を獲得することになった。暴力が集団内のメンバーや近親者にさえ向けられたことも容易に想定でき、その地位を乗っ取ろうとする個体を暴力によって都合よく始末するといったこともあっただろう。

そこで暴力的な行動を抑えるために罪悪感のような感情が進化したとする考え方が提起されていることを心に留めておきながら（第五章）、『ゲーム・オブ・スローンズ』を見ることを宿題としておこう。

暴力によって社会的集団内での高い地位を得る暴力的個体は（ここでも『ゲームズ・オブ・スローンズ』がこの見解の正しさを見せつけてくれる）、その地位によって性交の機会も増えると仮定すれば、多くの子孫を残せることになる。正直なところ、現実にはそういうことが多いものなのだ。

暴力的行動に遺伝的基盤があるなら、多くの子孫を残すことにつながる優位性により、社会的行動とも結びついた複合的な行動の一環として暴力の進化が生じたはずだ。それ故、わたしたちは暴力的な生物へと進化したのだ。暴力は過去の環境では大きな利益につながったかもしれないが、現代世界では本質的にその不適合が顕わとなり、いくらハリウッドがわたしたちに暴力性をすり込んでいるにしても、現代世界で人を打ちのめして回ればたいていいつでも大きな不利益が生じる。

この基本的な考え方は妥当で、ここから単純な仮説が得られる。過去には有益だったからこそ暴力は進化し、現代世界とは相容れない特徴となっているのである。ビンゴじゃないか、やはり不適合なのだ。観念的適応主義では当てにならないが、このなぜなぜ話が真実かどうかを確かめようとすると新たな困難と出会うことになる。まずは、最も基本的な問いに答えなければならない。人間は本当に暴力的な生物なのか、それとも自分自身に対する見方が厳し過ぎるのだろうか。

本当は人間は暴力的な生物ではないと言えれば素敵だし、陰惨な描写に病的に取り憑かれ二四時間流され続けるニュースを洪水のように浴びることで、社会の暴力が現実とは不適合だという認識が生まれてくれれば素晴らしい。だが悲しいかな、そんなことはないし、実際は正反対だ。実は他の哺乳類と比較しても、人間は圧倒的に暴力的だ。致死的暴力で測れば七倍も暴力的で、この数字でさえかなり控えめに感じられるくらいなのだ。

わたしたちの暴力性の決定的な証拠と七倍も暴力的であることの算出根拠を検討する前に、暴力について社会学的視点からではなく、動物学の観点から考えておく必要がある。ひとつの種内での暴力つまり同種内暴力は、動物世界をざっと調べただけでもわかるように、人間に限ったことではない。アリが別のコロニーのアリに遭遇するところを観察してみよう。働きアリ（ついでながら、すべてメス）は触角を使って意欲的好奇心をみせていたのが突然興奮し出し、徹底的に相手を押しては咬みつき、首を切り、手足を切断し殺してしまうことも少なくない。次に繁殖の絶頂期にあるオスのクロウタドリを観察してみよう。縄張りの境界を示す他の個体による威嚇のさえずりが聞こえるにもかかわらず、一羽のクロウタドリが相手の縄張り内に入り込む。その結果、わたしの知る限り殺し合うまでは至らないにせよ、決着がつくまで激しい乱闘となる。かつてこんな事もあった。夕暮れの一杯をやりながらわたしはゆったりした気分に浸っていたのだが、ものすごい音に邪魔された。目に入ったのは二頭のオスのシロサイの決死とも言える激闘だった。ライオンの顔や年老いたオスのカバの横腹には傷跡があり、同種内暴力があったことを明確に物語っている。同種内の個体間での暴力は動物界ではごく普通のことだ。いつかは不足する食糧をめぐってせめぎ合いが起きるからだ。闘いに勝利しても自分も傷つくことがあるので、暴力を食い止めるためのありとあらゆる派手なディスプレーも進化しただろう。しかし文字通りいざという時に備え、動物は比喩的に言えば腕まくりして準備万端に整えているのである。

人間は同種内で致死的暴力をふるえる唯一の種だという話をよく聞く。しかしこれは正しくないし、幼稚だと言えばいいのか、絶望的なまでに素朴過ぎる。致死的な同種内暴力は多くの種でみられ、あの仲よく協働しているミツバチでさえそうなのだから驚きだ。女王蜂は蜂の巣にある王台というピーナッツの殻の形をしたワックス製の特別な構造体の中で生まれる。コロニーに分蜂の準備が整うと、古い女王蜂が働き蜂のおよそ三分の一を引き連れて巣を離れ、新たに生まれた女王がその巣を受け継ぐことになる。非常に貴重な巣だが働き蜂は好んでリスクを分散する。しかし巣を受け継ぐ女王になるはずの個体が幼虫から成虫に変態する間に死んでしまうかもしれない。そのリスクを低減するため、働き蜂は女王になる幼虫を複数育て、母親の女王が産み落とした卵から幼虫がふ化するとロイヤルゼリーをたっぷり含んだ女王向けの食物をどんどん与える。そして最初に王台から姿を現した女王は必ずまだ王台から出てきていない女王を見つけ出し、王台の壁に針を突き刺し殺してしまう。女王蜂の針はこの目的に特に適応したもので、短剣のように滑らかだ。女王蜂は同種の個体を殺害するべく、進化した殺人鬼なのである。ちなみに犠牲となった蜂は新しい女王の姉妹か異父姉妹に当たる。ところでマルハナバチの働き蜂はシーズンの終わりが近づくとよく母親である女王蜂を殺すことがあり、母親殺しと女王殺しを同時に犯すことになる。

　同種内の殺人鬼は動物界にはたくさんいる。ライオンはプ、ラ、イ、ドと言われる群れを新たなオスが乗っ取ると、負けたオスの子どもまで殺すことでよく知られている。幼獣には餌を与えなければならず、成獣になれば遺伝的につながりのない競争相手になる可能性があるからだ。さらに短期的にもっと重要な要因としては、子どもを連れたメスは発情しないので、プライドを乗っ取ったオスの繁殖機会が制約されてしまうこともある。幼獣の殺害はこれらの問題を一気に解決する単純な方法であり、役得のごちそうでもある。こうした子殺しは他の哺乳類でもアレチネズミやハヌマンラングールなど幅広く見られ、鳥類ではミソサザイやレンカク（スイレンの葉の上を歩く習慣があることからリリートロッターlilytrotterとも言う）などに見られる。昆虫の中にはかなり変わった子殺しの事例がある。タガメのオスは卵の世話をすることで知られ、卵を保護し乾燥を防ぐ。こうしたオスによる世話がなければ卵はふ化しないため、メスにとってオスは価値の高い家政夫である。卵を抱いていないオスが見つからないメスは、保育中のオスが守っている卵に口吻を刺して殺してしまう。一方オスの方は保育していた卵にふ化する可能性がなくなると、卵を殺したメスと交尾し今度はそのメスの産んだ卵を保護するのである。

同種内暴力の事例は非常に多いので、もっと事例を挙げることもできるが、その重要な点についてはもうおわかりいただけただろう。同種内暴力も、致死的暴力も、人間特有の形質ではないということだ。人間に独特なのはその実行手段だ。わたしたちは同種生物の肉を切り裂く達人となったのである。哺乳類の多様性の大部分を代表する一〇二四の哺乳動物から「死亡数の内訳」(死因)を調査し、二〇一六年に発表された研究によってそのことが裏付けられている。[2] クジラやコウモリ、センザンコウやアンテロープなど広範な動物、そして霊長類と旧石器時代から現代までの六〇〇の人間集団がその調査対象に含まれた。こうした分析は決して容易ではない。膨大な数の研究から得られるデータを照合しなければならないし、人間集団の場合であれば、そうしたデータには考古学的証拠まで含まれてくる。マリア・ゴメスとその同僚は致死的暴力の程度を「その他の全死因に対する同種内暴力による死の確率」で定義した。彼女らは利用できる証拠を見事に整理してその確率を「記録による裏付けのあるすべての死因のうち、同種内暴力による死の総数の割合」として算出した。この定義には残忍な死因がずらっと並び、人間以外の哺乳類では子殺しや共食い、集団間攻撃、その他の同種内殺害、さらに人間の場合なら戦争や殺人、子殺し、処刑、そしてその他の意図的殺人などが挙げられている。さらにこのデータを哺乳類の系統発生と対比しながら分析を試みている。系統発生とは個々の動物集団の関係性を示す進化の家系図のようなものだ。系統発生と対照させたことで、哺乳類全体を通した暴力の進化に関するしっかりした推論が可能になった。この論文は複雑だが手際よく整理されていて、二〇一六年に世界トップレベルの学術誌ネイチャーに発表され、かなり注目された。

致死的同種内暴力は調査した哺乳動物のうちなんと四〇パーセントで報告され、まだ多くの種が調査されないままであることを考えれば、これでも過小評価であることはほぼ確実だ。従って人間が互いに殺し合うことは動物として異常なことではなく、証拠から示唆されるように同種内暴力は何度も進化を繰り返し、多くの多様な種、様々なシナリオで有利に作用してきたのだ。また暴力の程度と進化史の共有の程度の間にも確かな関連性が発見されている。このことから暴力は特定の集団で進化した可能性が高く、その特定はかなり難しいとはいえ、近しい集団であっても異なる行動パターンが見られるのである。ここでもやはり状況は複雑なのだ。それでも社会的動物と縄張り動物は本質的に暴力的であることがわかっていて、わたしたち人間が社会的でたいてい強い縄張り意識を持つことを考えれば、わたしたちの推測的な進化シナリオにも説得力が出てくる。総括すれば、コウモリやクジラ、ウサギ類（アナウサギやノウサギ、かわいらしいもっこりした小さな生物ナキウサギ）のように哺乳類の中には致死的暴力の水準が低いグループもあるが、最も有名な霊長類のように水準の高いグループもあるということだ。

哺乳類のグループに見られる致死的暴力の分析と進化的関連性の知識から、ゴメスと同僚らは死亡数のうち同じ集団内の人間による暴力が原因となったと考えられる死亡数の割合を推定している。その値は二パーセントで、算定に用いた統計モデルを変えても変化しなかった。興味深いのはこの二パーセントという値が、進化上の祖先である霊長類全体(二・三パーセント)と類人猿(一・八パーセント)に対する推定値とほとんど一致することで、このことは致死的同種内暴力がわたしたちの進化的過去のおおよそ一貫した特徴であったことを示している。研究者らは次のように述べている。「こうした結果から、致死的暴力は霊長類の系統に深く根ざしたものであることが示唆される」。哺乳類全体で見るとこの割合は約〇・三パーセントなので、わたしたちは平均的な哺乳類と比べて仲間に致死的暴力を加えることがおよそ七倍も多いことになる。ここまでは、わたしたちの仮説的進化シナリオもかなり善戦していると言っていいだろう。

もちろん統計モデルによって予測された値そのものや、その値をもとにしたあらゆる推測には問題もある。ひとつのモデルによる推定に過ぎないということだ。それでも人間の場合なら、これまでの歴史の記録と考古学的証拠があるので、こうした予測を実際の値と比較して検証することができる。しかし保存されている骨に致死的攻撃の痕跡がなかったり、闘争の影響、様々な形で死亡した遺体の保存可能性など、様々な要因を調整するのはやっかいな作業になる。ただし、研究者らができる限りこうした要因の多くを調整したことで、先史時代の人間の致死的暴力の水準が系統学的方法論によって予測されたものと同じく、およそ二パーセント程度であることがわかった。

時代によって致死的暴力の水準には大きな差異があることから、暴力の発現における様々な要因の影響について推論できることがいくつかある。それらの中で不適合仮説にとって最も興味深いのは人口密度に関する推論だ。人間以外の哺乳類では、一般的に個体密度の増加によって同種内暴力が増加するが、人間の場合は当てはまりそうにない。人口の多い都心での生活は「闘争の原因ではなく、和解が成功した結果なのだろう」と研究者らは結論づける。現代的生活によって実際にわたしたちの暴力的傾向は緩和されているようで、それはゴメスの研究でも他の研究でも致死的暴力に見られる時代を超えたパターンとされているのだが、後でわかるように、この点は論争になっている。総括すれば、先史時代の人間の暴力水準は系統学的な予想とうまく合っていて、わたしたちの祖先は進化的遺産が示唆しているように、まさに暴力的だったのである。

暴力の遺伝子的基礎

わたしたちは暴力的になるべく進化してきたという議論は力強く生き延びているが、「進化によって暴力的になった」と主張するなら、遺伝子による決定的な証拠が必要になる。思い出してもらいたいのだが、進化とは遺伝過程なのであった。「○○の遺伝子が発見された」という便利な見出しはメディア御用達だが、現実にはそんな遺伝子はほとんどなく、暴力という多くの多様な要素が関係せざるを得ない複雑な形質が、単一の遺伝子の影響を受けるとする根拠はない。またいくら強調しても足りないが、暴力は遺伝子によって生じるのではない。特定の遺伝子をもつことで、人によっては、また特定の環境では、より暴力的になる傾向がみられる場合もあるだろうが、DNAから重傷害罪へと翻訳する上で重要なのは遺伝子と環境の相互作用だ。[3] さらに暴力はコントロール可能で、人間はすぐに切れるわけではない。暴力と関連する複数の遺伝子（複数である点に注意）の存在が実際に明らかにされているので（相関関係と因果関係の違いの警報を遠慮なく鳴らして結構）、このことは心に留めておくべき重要な注意点だ。

動物の暴力が遺伝的であることのまさに決定的な証拠は、動物をより攻撃的に品種改良できるという事実にある。様々な形質の人為選択と、その後の子孫におけるそれらの形質の遺伝率によって、それらの形質に遺伝的基盤があることははっきりと示されるが、それ以上のことはほとんどわからない。また二〇一一年に発表され論文のタイトルに示されているように、人間の場合には暴力が家族に向かう傾向があることもわかっている。この論文はまれにみる膨大な標本規模を扱っていて、その殺伐とした論文タイトルは「暴力犯罪は家族に向かう：一二五〇万人を対象にした総合集団調査」である。[4] 論文タイトルにある主張の裏付けは非常に説得力があるにもかかわらず、この研究では遺伝的関連性についての決定的な証拠が示せない。なぜなら家族は物理的にも文化的にも環境を共有しているからだ。この研究で暴力犯罪がその種類によって発生可能性に差異が見られたという事実は（たとえば放火は特に家族に向かいやすい）、暴力には環境の強力な影響があることと暴力が複雑な多元的現象であるため、関係する遺伝子の捕捉が難しいことを明確に示している。

　現代世界における暴力について理解を深めなければならないという現実的、哲学的必要から、この研究に膨大な努力が注ぎ込まれ、遺伝的関連性を探究する（そして発見する）実証論文とその発見を議論するレビュー論文や評論記事で賑わっているのも当然だろう。ごく最近ある研究で、攻撃的行動に関連した人間とマウスが共有する四〇の遺伝子が同定され[5]、攻撃性を治療できる可能性を示す様々な神経伝達物質代謝酵素を符号化する遺伝子も同定された。こうした研究には、暴力の生化学的根拠がわかれば、薬剤などの治療によって暴力を生化学的に軽減できる可能性が開かれるという動機がある。

　わたしたちは暴力の遺伝的メカニズムを掘り下げ始めたばかりだが、そのうちに間違いなく人間の暴力についてもっと詳細で洗練された理解が得られるようになるだろう。しかし本書の目的としては、暴力になんらかの遺伝的根拠があることを示すことができれば十分だ。確かに暴力の遺伝性に注目した数多くの研究を扱ったレビュー論文では「反社会的表現型に見られる分散（多様性）のほぼ五〇パーセントは遺伝的要因による」と結論づけている[1]。つまり暴力を含む反社会的行動において観察できる多様性の約半分を遺伝によって説明できるということだ。

　人間の暴力は普通なら心理学的、生化学的観点から考えることになる。こうした視点によれば、攻撃性と暴力はホルモンと神経系を通して生じる心的状態で、感覚入力が引き金となり、脳内の意識過程と潜在意識過程に媒介された結果ということになる。この問題を取り扱う上で完璧に筋の通った考え方ではある。わたしたちがしばしば興味を持つのは人によって暴力への傾向が異なることだが、こうした視点からだとそうした傾向を怒りや気性、ストレスなどの情緒的状態やサイコパシーのような脳に関連する疾患と結びつけがちだ。一方で、動物の暴力に関する研究なら、暴力を促す身体的特性や行動的特性と、暴力を刺激しその進化を進めた生態学的、社会的条件にもっと注目することになるだろう。ゴメスらの研究は、生態学的側面から、社会性と縄張り性が人間を含む哺乳類における致死的暴力の発現において果たしている役割に焦点を当て、わたしたちと他の動物との系統発生上の比較が暴力の遺伝的性質のいくつかをひもとく上で役に立つことを明らかにした。別の科学者らはさらに動物学的方法をとり、進化がわたしたちの身体をどのように暴力に適した形状にしてきたかを調べた。

　そういう視点で見れば人間の身体的特性も他人に危害を加え、殺害さえも可能な能力と結びつけることができる。わたしたちは身体的に力強く、速く走ることができ、二足歩行なので腕を自由に振り回せる。平均的な体型の平均的人間でさえ特に訓練を積まなくても、握り拳で急所に当てれば他人を殺せるだけの力を出せる（人間の頭蓋骨は場所によってはそれほど頑丈にはできていないことを覚えておこう）。わたしたちには弱点と急所がある。それは鼠径部、胃、肝臓そして腎臓で、苦痛を与えるソフトターゲットとなり、同じように腕や脚の関節は消耗的打撃に弱い。頸動脈洞のある首の部位を一撃すれば即座に消灯時間となり、パンチ一発での死亡も珍しい悲劇ではない。[7] 下肢も劣らず致死的攻撃が可能だ。骨張った足と強力な脚で映画で見るような見事なキックを繰り出すか、さらにもっと効果的かつ残忍に横たわった相手を踏みつけることもでき、これなら現実世界でも可能だろう。頭蓋骨に弱点はあるにしても（首の後ろやこめかみ付近の骨が薄い部分）、前頭部は頭蓋骨が分厚いので頭も武器になり、破壊的な頭突きを繰り出せる。挙げ句の果てには、道具を準備して有効に利用することもできる。棒きれや石、ロバート・ラドラムの小説の主人公ジェイソン・ボーンお気に入りの固く丸めた雑誌など、あらゆるモノを武器として利用できる。

暴力となれば身体が非常に便利な物理的装置となることは間違いない。しかし、わたしたちの身体の特性は、暴力を単なる都合のいい副産物としているのではなく、実際に暴力のために進化してきたと言えるのだろうか。一般的な見解としてはノーだが、だからと言って、拳を握りしめることで自分の手を傷つけずに誰かを殴る能力が人間の手を進化させる推進力であったことを示唆する、興味深い一連の研究が躊躇されることはなかった。科学的仮説の背景にあるこうした歴史は、科学的直感が的中する場合もあることを示す愉しい事例でもある。ユタ大学の比較生理学者デイヴィッド・キャリアーはある学会で他の科学者と、マッコウクジラの変わった頭部の膨らみは、メスをめぐる競争で他のオスに激突する目的で進化したという仮説について議論していた。水生哺乳類のバイオメカニクスが専門の生物学者フランク・フィッシュは、そうではないと考えていて、拳を振りながら（キャリアーによれば）「わたしはこれであなたの顔を殴ることはできるが、拳はそのために進化したのではない」と言ったという。[7] キャリアーは触発され、手が戦いのために進化していたとしたらという仮説を立てた。もっと正確に言うなら、人間の手は、細工や道具をうまく利用できるように繊細で器用になるのと並行して、手を拳に丸めることで相手を殴っても骨折しないように進化した可能性もあるというわけだ。

　キャリアーが人間の暴力に関する身体的特徴と進化の研究に取り組んだのは、この拳丸め仮説が初めてではなかった。自身の初期の研究は、人間男性の顔の形状に関するもので、その頬と顎、そして額が比較的がっしりできているのは、パンチに耐えられるように進化した可能性があると示唆していた。しかしこのパンチ耐性顔面というアイデアは大して評価されなかったと言っていいだろう。進化生物学者のデイヴィッド・ニッケルはこの件について特に率直に発言し、ロサンゼルス・タイムズの記事では「わたしが何より不愉快に思うのは、このタイプの研究が人類生物学、より一般的には人類の進化に関する非常に誤った理解を提供し、一般の人々に不利益をもたらしていることだ」と述べている。[8] こうした厳しい発言の理由は、ニッケルの考えでは、キャリアーは進化のなぜなぜ話を述べているからだ。ニッケルはさらに「わたしが思うに、キャリアーとモーガン［キャリアーの共著者で、アメリカ人医師マイケル・H・モーガン］の議論は、人間の話す能力は互いにもっとうまく嘘をつけるように進化したと言っているようなものだ」と付け加えている。これは進化の「スパンドレル理論」として知られるようになった議論の一例だ。スパンドレルは、建物の構造でふたつのアーチが出会う部分に生まれる三角形に近い隙間のことで、よく装飾的な銘板を配置したり絵が描かれたりする。進化生物学者のスティーヴン・ジェイ・グールドとリチャード・レウォンティンはこのスパンドレルを、実際には別の形質（支持アーチ）の進化の単なる副産物なのだが、有益となった形質（装飾を施せる手頃な空間）の例として利用したのだった。そして「スパンドレル」は、何らかの形質が適応的に思えるならそれは単なる副産物ではなく適応によって進化したに違いないとする進化の不正確な考え方を指すようになった。あなたの肉質の外耳はメガネをかけるのに都合のいい場所だからと言って、そのことが外耳が特殊な形状をしている理由にはならないのである。

キャリアーはパンチ仮説を、献体制度を通して得た九人の男性の腕を利用して検証した。

キャリアーの研究チームは腱に釣り糸をつけて腕の手首、指、そして親指を操れるようにした。この釣り糸を振って腕をパッド付きのダンベルへぶつけて衝突時の衝撃力と骨への影響をひずみ計と加速度計で測定した。堅実な実験法ではあったが、たまたまこの実験を目にした人は気味が悪かったに違いない。

肉付きのいいマリオネットを操るように釣り糸で手の形状を制御し、固く握った拳、固く握っていない拳（親指とその他の指を防御しにくくなる）そして平手でダンベルにぶつけた時の衝撃力とひずみを測ってみるといくつか面白い発見があった。固く握った拳は、人間の器用な手のおかげで指を丸め込んで強化され、固く握っていない拳よりダンベルに五五パーセント大きい力を中手骨を痛めず安全に加えることができ、平手の二倍の衝撃力を加えることができた。このことからキャリアーは、人間の手と拳を握って強化する能力は闘争への適応であると結論づけた。

ここでもキャリアーは厳しく批判され、学術論文とマスコミを通してキャリアー批判を主導したのがフランク・フィッシュだった。フィッシュはテコンドーで黒帯を締めるほどの人物で、人を殴ることについて多少は身をもって知っていた。そんなフィッシュがロサンゼルス・タイムズへの談話として、人間の身体には膝や肘、脚など人を殴るのに役立つ多くの部位があるが、これらが戦いのために進化したと主張するような者はひとりもいないと指摘した。さらに論文でもフィッシュはキャリアーの論文が掲載されたのと同じ雑誌できっぱりと批判し、「ホモ・サピエンスの手には戦う上で有利な点もあるだろうが、それが偶然以上の意味があるとする根拠は存在しない」と結論づけた。[9] つまり戦うための拳は「スパンドレル」のひとつというわけだ。他の研究者はフィッシュよりはキャリアーの仮説を支持していた。ペンシルベニア州立大学の自然人類学者デイヴィッド・パッツは「それだけでは説得力があるとは思えないが、著者はますます説得力のある事例を積み重ねている」と論評し、フランク・フィッシュも「彼はこのテーマを前進させてきたと思う」とその努力は認めている。キャリアーらがパンチ仮説を将来どういう方向へつなげていくのか楽しみなところだ。実りの多い方針としては、男性と女性の間の差異を調べることだろう。暴力の進化に関心を持つハーバード大学の自然人類学者リチャード・ランガムが指摘したように、土台となるシナリオが、メスとの交尾機会を増やすためのオスの競争と暴力ということであれば、男女間における差異が予測できるからだ。

暴力素質を抑制する

人間の暴力、あるいは少なくともわたしたちの行動のレパートリーとして表れる致死的暴力の傾向あるいは可能性を進化的に説明できることが、証拠によって強力に示唆されている。これには不安を感じるかもしれないが、重要なのは一歩下がって広い視野で問題を捉えることだ。わたしたち誰もが暴力の素質をもっているのかもしれないが、ほとんどの人が、ほとんどの場合、暴力的に振る舞うことはない。暴力について考えるかもしれないし、バイオレンス映画が好きかもしれないし、フラストレーションがたまったり怒りのせいで他人に暴力を加えたいと思ったりすることもあるだろうが、実際にはどんな形であっても同じ人間に対して暴力を加える人はほとんどいない。故意に暴力をふるうことがあったとしても他人を殺してしまうことはほとんどない。わたしたちには殺人を犯す可能性があり、それを実行する身体的精神的能力はあっても、圧倒的多数は人を殺すことはない。

このことを説明するひとつの仮説が、脳内には適応によって進化した攻撃性阻害システムがあって、暴力の便益に比べ費用の方が大きくなる場合、その暴力の実行を妨げるというものだ。たとえば自動車を運転中に割り込みをされると怒りがこみ上げてきて、その違反者をこてんぱんに打ちのめすことが頭によぎりはしても、かなり重い実刑や人間関係の崩壊、破産というリスクなど、非常に現実的な費用が瞬時に算出されるため、復讐物語が実行に移されることはないだろう。つまり、わたしたちは自制することができ、進化の台本に登場する救いがたい配役をそっくりそのまま演じているわけではないのだ。また、人間や人間に近い動物は切迫した生死に関わるリスクを前にすると、費用と便益の天秤が動いて予想がはじきだされ、温和な性格の個体でさえ状況によっては激しく攻撃を仕掛け相手を殺害してしまうこともある。それでも暴力性を制御する精神の具体的なメカニズムはとにかくとして、わたしたちのほとんどが暴力を制御できることが証拠によって明らかにされている。一方で非常に暴力的な人間がいることも確かで、現代世界における人間の暴力性のこうした一様でない傾向から、妥当性のある解釈が出てくる。

過激な暴力性が存在する説明のひとつは単純に多様性（バリエーション）によるものだ。暴力の遺伝学、そして暴力性と暴力的思考を抑制する役割を果たす精神構造は、複雑で人によっても異なる。人の間で差異があればいつでも必然的に分布の極端な端に位置する人が出てくる。この場合、一方の端は大部分の人よりも暴力的な人になり、もう一方の端は仲裁役になる。遺伝子の混合によって子孫ができると、極端な暴力が現代世界には適応的でないにもかかわらず、非常に暴力的な個人が出現する遺伝子の組み合わせが生じる場合があるのだ。

遺伝子への注目は、進化的な観点からは重要だが、それだけでは全体像のほんの一部しか見えてこない。一般的に環境と遺伝の間の相互作用によって形質が発現するのであって、暴力もその例外ではない。この相互作用を説明し、わたしたちの最初の進化シナリオを洗練してくれるモデルのひとつが「触媒モデル」で、心理学者のクリストファー・ファーガソンによって提案された。このモデルでは人間には脳の前頭葉に衝動制御装置と呼ばれる進化した攻撃性阻害システムがあるとされる。これは自制を生じさせる要素のひとつで、このシステムが欠損していれば暴力的な犯罪行動の強力な予測因子となる。自制は暴力と同じく遺伝の影響を強く受け、自制という特徴に関して測定できる分散（多様性）のおよそ五〇〜九〇パーセントが遺伝によるものだ。[1]ここまでは遺伝的な側面の話だったが、触媒モデルでは、こうした遺伝的性質と相互作用して暴力的パーソナリティになるかどうかを決定するのが家庭環境（もちろん家庭環境そのものも遺伝的性質と融合している）ということになる。環境からのストレスとストレス反応（ストレイン）が潜在的な暴力行動を刺激する触媒として作用し、その後で行動の是非が衝動制御装置によってフィルターにかけられる。環境の触媒作用によって暴力がふるわれるかどうかを決定するのは、攻撃性への働きかけ（環境から受ける経験と遺伝的傾向との相互作用）と攻撃性を阻害する働きかけ（衝動制御を介して）の相対的な加減だ。このことから、暴力行動の頻度は環境ストレスが高い間に増加しやすいと解釈する者もいるが、そんな解釈がことさら知的な大躍進だとは思えない。素人考えでも、ストレスに曝されれば切れやすくなるのは理解できる。

人類史の中で環境は劇的に変化し、ごく最近にもわたしたちがストレスが高まる世界を作り出したことを考えれば（第五章）、わたしたちはマスコミの言うとおり、ますます暴力的になっているのだろうか。とても率直な質問だが、答えはなんでもありなのだ。実はまったく同等の信頼性で、わたしたちは昔よりよっぽど暴力的になったとも言えれば[10,11]、暴力的ではなくなったとも言えるのである。暴力犯罪が増加しているとも言えるし、減少しているとも言え、変化はないとも言える。さらに殺人の割合についても増加したとも減少したとも言えるのである[12]。あなたがどこを見るか、どのように見るか、あなたの定義そして分析法に大きく依存するからだ。アメリカ人心理学者スティーヴン・ピンカーの側に立てれば素敵だろう。ピンカーは二〇一一年の著書『善の本性　なぜ暴力は減少したのか（The Better Angels of Our Nature: Why Violence Has Declined）』で、書籍タイトルからもわかるように暴力は減少したと断定している。ピンカーは、国民国家が強力な中央政府とともに出現したこと、安定した価値ある貿易ネットワークとわたしたちのコミュニケーション能力の発達に注目し、そのどれもがわたしたちお互いの依存度を高め、暴力による死を減少させたと説明する。この議論の屋台骨となっているデータによれば、現代的な社会になるほど社会の総人口に対する戦争や紛争で死ぬ人数の割合は、人類史の大部分の間典型的な存在だった狩猟採集民や遊牧民の小集団より、減少していることが示唆される。

こうしたピンカーの肯定的視点にも異論が出た。アメリカ、インディアナ州ノートルダム大学の人類学者ラウル・オーカが率いるチームは統計的手法で人類史上の戦闘での死を分析し、過去と現在で戦闘による死者の割合に変化はないという結論に達した。このチームは、戦闘に関わったと考えられる人数、この点がピンカーの議論の生命線だが、それは一般的に人口に比例するわけではないことを論証したのである。彼らの主張はもっともで、軍事行動に従事する人の割合は人口の増加とともに減少するのである。たとえば一〇〇人のバンドなら二五人以上の戦闘員がいただろうが、一〇〇万の人口だからといって戦時になれば従軍する準備と意思がある者は二五万人もいないだろう。オーカとその同僚らによれば、人間社会が大きくなり複雑になるほど戦争による死亡者の割合が減少するのは、この単純なスケーリング効果によるものであって、相互依存性の増加や平和の便益によるものではないということになる。

現代的環境におけるメディアの役割

現代世界における暴力について理解し把握する中で大きな懸念となっている近年の環境の変化のひとつが、テレビや映画そしてゲームに暴力シーンが溢れかえっていることで、子どもに影響する可能性もある。さらにユーチューブなど最近の動画ストリーミングサイトの隆盛もある。こうしたサイトでは現実世界での殺人、処刑、残虐行為がクリックひとつで見られる。もうご存じのこととは思うが、殴打や銃殺、斬首さらにもっと残酷な動画をオンラインで非常に簡単に検索して閲覧できる。決してダークウェブ上に隠されているコンテンツではなく、グーグルで自由に検索してアクセスでき、時には大手マスコミのニュース・ページからリンクが張られている場合もある。こうしたエンターテインメントは子どもたちの成長とともに環境の一部となり、さらにその大きな部分を占めることが今この時にでも現実に起こり得るのだから、確かに心配である。そしてまさに暴力を売り物にしているマスコミが不安を煽っていることも多いのだが、こうした懸念を矮小化してはならない。触媒モデルを受け入れるのは合理的だとは思えるが、そうであれば暴力への曝露が（家庭での暴力と躾としての暴力も含む）、暴力的行動の予測因子となることを受け入れることになる。さらにわたしたちの環境が、生得的な暴力性と本来備わっている衝動制御との綱引きを決する際に少なくとも何らかの影響を与えるということを認めるなら、幼少期に暴力に曝されることがわたしたちの暴力に対する反応を形成しうるという説を真剣に受け止めなければならない。わたしたちが生産しているエンターテインメント環境とオンラインのバーチャル世界での暴力描写が、進化による暴力性と相互作用し増幅されるのであれば、わたしたちは本当に最近になって、心配になるような致死的不適合状態を招いたことになる。

　驚くべきことに、メディアが映し出す暴力と現実世界の暴力との間の関連性が論争になっているとメディアはしばしば報じるが、学術論文ではそうした論争はほとんどないと言っていい。二〇一一年に暴力と攻撃性の科学研究に従事している科学者の学会である「攻撃性研究国際学会（International Society for Research on Aggression）」は、メディアが流す暴力に関する報告を準備するために特別委員会を設置した。[15]メディアと暴力との関連性は、本章で議論してきた多くのテーマと同様に一筋縄ではいかず、分散や交絡因子、相関性、因果関係などの地雷原が広がっている。この特別委員会の報告には次のように記されている。

もちろん暴力的な映画を見ても、普通は映画館を出たとたんに他人に暴行を加えることはない。また非常に暴力的なテレビゲームの熱心なプレーヤーがしばしば暴力的な罪を犯すというのも事実ではない。この分野の尊敬すべき研究者の中にはそういった主張をする者はいないだろう。むしろ問題は暴力的な映画や番組を見るにせよ、バーチャル世界でインタラクティブに暴力的ゲームに参加するにせよ、人々が短期的及び長期的に様々な形で攻撃的な行動をとる可能性が高まるかどうかだ。

こうした注意を脇に置けば、この報告書で発見されたことは明快なだけに気がかりだ。特別委員会は「子どもと環境の多くの特徴をリスクと保護因子もふくめて考慮した結果、研究から明らかになったのは、メディアが流す暴力を消費することで、言葉によるものであれ、性的なものであれ、物理的なものであれ、他人を故意に傷つける行為として定義される攻撃性の相対的リスクが高まる」ことを見いだした。つまり一連の研究により「人は猿まねをする」という仮説を裏付ける強力な証拠が得られているのである。もちろん、もの真似は動物界全体に見られる進化によって獲得された優れた能力で、これによって個体は生きるためのあらゆる能力を獲得できるのである。そのことが、変化した現代の環境で若い人の暴力の拡大に向くことは、もうひとつの不幸な進化的不適合だ。

特別委員会の報告書にはアルバート・バンデューラの研究が引用されている。彼は一九六〇年代前半に行った先駆的な共同研究で、暴力的映像を見せた後の子どもたちの行動を調査した。その論文での記述は実際の実験より倫理的視点が欠けているようで、この論文で今日の倫理委員会のお墨付きをもらうには悪戦苦闘は必至だろう。のちに「ボボ人形実験」として知られるようになった実験で、バンデューラらは数名の子どもたちに大人が空気で膨らませた人形で遊ぶ映像を見せた。大人は木槌で人形を殴ったり、蹴りを入れたり、その上に座りこんだりして、かわいそうにボボはたいていつらい目に遭わせられる。子どもたちはこの映像を見た後で、おもちゃがたくさんある遊戯室へ連れていかれる。もちろんボボ人形も置いてある。ボボが激しく叩かれる映像を見た子どもたちは、映像で見たとおりの暴力は再現しなかった。彼らは新しい方法でボボをひどい目に遭わせ、別のおもちゃを使ってもっと暴力的な遊びをしたのである。攻撃的な行動を見ることで単に「人は猿まねをする」のではなく「人は発奮する」のである。暴力を見ると単にそれを真似るのではなく、行動は改良され、激しくなり、内に秘めた暴力性が解き放たれるようにも見える。この実験から五〇年時間を早送りして、暴力的なテレビゲームや3Dバーチャル・リアリティ、二四時間年中無休の暴力動画ストリーミングにどっぷり浸かっている現在になると、かわいそうなボボが棒きれで頭を殴られているのを見ても、突如として情け深く無邪気な時代の名残のように思えてくる。

短期的にはメディアが流す暴力への曝露によって脳に変化が起きる。たとえば温かい食パンとその美味しそうな香りのように、異なる刺激を同時に経験することで、それぞれに反応するノード（ニューロン）が神経経路によって接続されるようになるのである。曝露が続くとノードどうしの連絡が強くなり、ひとつのノードが活性化すると、他のノードも部分的に活性化するようになる。こうした過程を「活性化拡散」という。強く関連する経験の間の連絡は急速に発達し、幼児でさえ攻撃性の徴候（銃や叫び声）と暴力（格闘や殴打）の間の神経経路が存在する。ノード間の連絡は脳が機能するために進化してきたものだが、暴力的なシーンに曝されると、連絡したノードへも活性化が拡散し、それらをわずかに活性化あるいは刺激（プライミング）する。行動傾向と関連するノードが刺激されると、その行動が発現しやすくなる。こうした刺激（プライミング）の力を疑問に思うなら、人は侮辱されると、一丁の銃を見ただけで自制心を失い、攻撃的に報復することが研究によって明らかにされていることを参考にしてもらいたい。銃を目にすることが刺激作用となり、侮辱行為が攻撃的行動のノードを強く活性化し、衝動制御による見せかけの従順さはあっさりと消え去ってしまうのである。メディアで流れる暴力への曝露には、非常に広範で多様なノードを刺激（プライミング）する力がある。

長期的には、暴力への曝露によりもっと微妙でやっかいな効果が表れる場合がある。わたしたちの生活は複雑だが、その複雑性を理解するために開発されたのが、心理学者が「スキーマ」（経験や知識のまとまり）や「スクリプト」（特定の状況での動作の連なり）と呼ぶ概念枠組みだ。親類を訪ねるといった特定のシナリオでは、複雑で多様な感情や概念、感覚が脳内で一斉に活性化する。たとえば祖母の家を訪ねたとすると、そこまでの行程や家のたたずまい、特有の匂い、祖母を目にした時にわき上がる感覚などが活性化され、それらが特定の記憶や特別な心理的スクリプトと結びつくことで、その状況で適切な振る舞いができるようになる。適切な感情や感覚そして記憶を接続し、それに従って行動する能力は、社会的動物にとって重要なスキルだ。そして心に留めておかなければならないのは、ひとたびこれらのスクリプト、つまりこうした統合的知識構造が活性化すると、行動の決定因子となり、意識的な判断を経ずに行動に影響を与えられることだ。

行動に影響を及ぼし、修正し、かなりの程度まで行動を制御しているスキーマとスクリプトは経験によって変化する。従ってスキーマとスクリプトは成長と発達に伴い周囲の世界の影響を受けて形成されることになる。初期の養育環境は通常なら両親やきょうだい、その他の家族ということになるが、成長するにつれ別のインフルエンサーが現れスクリプトを書き換え、たとえば「学校にいる」といった新しいスクリプトを学習できるようになる。子どもたちが現代世界で成長する間にインフルエンサーは両親や仲間、学校を超えて広がりメディアまで含むようになる。子どもにとって親や仲間と一緒に過ごすことで、状況に対する適切な行動スクリプトを学べるのなら、メディアを介しても学べるだろう。今では、子どもたちが画面で見たり経験したりして学習していることは間違いなく、画面を通して暴力を目にすることで発達中の神経ネットワークに影響を与えるようになるだろう。

メディアが流す暴力による影響は、新たなスクリプトを書き込むだけではない。暴力的なシーンはすでに記憶されている暴力的思考や感情を呼び覚ます引き金として作用し、こうした思考や感情が頻繁に活性化されれば、行動にも影響を与えるだろう。また暴力シーンを何度も見たり脳内のノードが繰り返し活性化されると、意味のわからない他者の行動を意図的な挑発と解釈しやすくなることも示唆されている。「やろうってのか上等じゃねえか、といった過剰反応」シナリオだ。さらに娯楽として暴力を描写したり、暴力でしばしば見返りが得られ、尊敬され、暴力が英雄的な行動のように祭り上げられれば、確かにわたしたちは行動への影響を受ける環境にあると言っていい。テレビゲーム上で暴力的な行動を繰り返せば脳内に変化が生じ、現実世界でも攻撃的に振る舞いやすくなり、行動への影響を悪化させるだけだ。暴力的なゲームで遊べば、攻撃的な態度と行動が画面を超えて学校のグラウンドでも生じやすくなるのである（必ずそうなるわけではない）。

現代メディアにおける暴力の描写についてもうひとつ気になるのは、ニュースその他の立派なメディアや娯楽番組も含め、暴力に対して鈍感にさせる「脱感作」の可能性があることだ。同じシーンを何度も繰り返し見ているうちに感情が連動しなくなり、繰り返し刺激を受けることで、わたしたちは脱感作され、かつてのように暴力に対して適切に反応できなくなるのである。銃乱射事件や飢餓、戦争あるいは病気のいずれでも脱感作が起きることはよく知られていて、比較的よく説明されてもいる。こうした脱感作も現代環境と進化の間のもうひとつの不適合だ。脱感作はわたしたちの生活の中でよく見られ、重要でもある。特定の刺激に対する認知的、感情的、生理的そして行動上の反応が緩和されることで、作業が実行できたり、普通なら困難で不可能な状況にも耐えられるようになるからだ。こうした状況は必ずしも劇的であったり暴力的であるとは限らない。わたしも親になる前までは、ベッド一杯に広がった下痢や嘔吐物を始末するのに、かなり感情的になったり生理的な反応も起こしていたが、経験を積んだことである程度の脱感作が生じ、その後は同じような状況でも比較的落ち着いて効率的に対応できるようになった。またチャリティーの支援金を得るために同情に訴えかける「貧困ポルノ」の効果の低下や「支援疲れ」も脱感作によって説明できる。[14]

現代世界は電子メディアの普及によって特徴付けられると言ってもいい。現実世界では致死的暴力やサディスティックな暴力、報われる暴力、英雄的暴力、そして自発的参加者ともいえる視聴者によってもたらされる暴力など、暴力はちまたに溢れ容易に接近できる。メディアによる暴力描写と、子どもに見られるその後の攻撃的行動とのつながりについては、一九六〇年代前半に築かれた基礎の上にしっかりと確立されている。片時も離すことのないデバイスでますます進歩を続けるゲームを楽しみ、いつでもメディアにアクセスでき、子どもたちは火に集まる虫のように電子メディアに引きよせられる。従って暴力の少ない世界に生きることを望むなら、こうした新しい環境は確かに進化的歴史と非常に明瞭な不適合を起こす可能性がある。わたしたちすべてに関係する重要なことは、過去一〇年前後の間に心理的なスクリプトと攻撃性阻害システムを形成した子どもたちがこれから大人になることだ。そして相変わらず次世代をいびる気分であるならお教えしておくと、そもそも暴力的なパーソナリティを持つ傾向がある場合に限られるのだが、大人が暴力を見て影響され攻撃的になるという証拠が増えているのである。[15] さらに発達過程にある子どもたちの心理的スクリプトに暴力の影響があることを学んでいるので、心配は二倍になる。しかし忘れてならないのは、メディアが流す暴力が暴力の原因ではないことだ。わたしたちはテレビが発明される前から、哺乳類の中で最も致死的暴力性の強い存在だったのである。

暴力を減らす

暴力を進化的観点から議論すると批判されるのは、ある形質に対する進化的な議論はその形質を正当化していると安直に考えられがちだからでもある。こうした反応が現れることも理解はできるが、暴力がわたしたちの進化的遺産の一部であるという仮説が裏付けられ発展していることは、決して暴力を正当化しているのではない。衝動制御と暴力の削減についても同じように強力な進化的議論を展開できるし、実際に発展させてきている。進化史のほとんどを通して大部分の人々のなかでうまく機能していたのは、こうした複雑なバランスを取る作用なのである。暴力の進化的起源と重要性、そして暴力を引きだす環境からの刺激を理解することで、実際に暴力に対処し理解するチャンスと強力な洞察が得られる。クリストファー・ファーガソンがケヴィン・ビーヴァーとの共著論文「ナチュラル・ボーン・キラーズ：過激暴力の遺伝的起源（Natural born killers: the genetic origins of extreme violence）」で次のように述べている。

行動遺伝学と暴力の遺伝的モデルから、どんな個人が過激暴力性リスクが高いかを完全に理解できるようになるだろう。そうすれば暴力に関する環境触媒と遺伝子の間の相互作用の分析だけでなく、遺伝子と治療そして暴力防止対策も進めることができる。

進化的観点からの研究によって暴力を減らす効果的な介入が可能になり、それがよいことずくめであることを願っている。

第八章　嗜癖の必然性

人間はドラッグを愛している。心の状態を心地よく変えてくれるものがあれば、いくらでも欲しくなる。タバコを吸い、酒を飲み、大麻とタバコを紙巻きにしたスプリフや大麻だけを紙巻きにしたジョイントを吸い、コカインを吸引し、LSD、ヘロインをやり、コカインとヘロインを混ぜたスピードボールをやり、薬物を乱用し、ヒロポン（覚醒剤）を製造し、コカの葉を噛み、マジックマッシュルームでトリップしたり、コーヒーを淹れるなど、気分をハイにしたり、べろんべろんになるなど、わたしたちを変性意識状態にする方法は無数にある。ここで正直に言うと、もし無人島に取り残されたら、救難信号のたき火を思いつく前に、わたしは夢中でココナッツワインを造っていると思う。

人類の歴史はドラッグの乱用による突飛な行動の絶え間ない繰り返しのようなものだ。たとえばチンギス＝ハンの息子オゴデイは過剰な飲酒で死亡している。アステカ族は幻覚作用のあるキノコ、シロシベ・メキシカーナ（*Psilocybe mexicana*）のヘビーユーザーだった。またアステカ族とマヤ族はどちらも、強力な幻覚剤ＬＳＤに近い化合物であるエルジン（リゼルグ酸アミド）を含むアサガオの種子を消費していた。ブルー・ロータスは美しいスイレンで、エジプト人にとっては太陽を象徴する神聖な花だったが、アポルフィンという幻覚作用物質が含まれ、大西洋をわたりマヤ族にも知られていた。時代を下って、一八〇〇年代にイギリスは中国とアヘン貿易をめぐって二度の戦争を起こした。アヘンの元になるケシを細かくして噛んだり煙を吸ったりしてラリっていたわけだが、アルコール醸造の技術が発明されると、好きな時にほろ酔い気分になれるようになった。酒を製造できることに最初に気が付いた時期についてはいろいろ議論はあるが、イスラエルのハイファ近郊の洞窟で一万三〇〇〇年前のビールの残留物が見つかっていて、この技術の発明がかなり古いことが強く示唆されている。ジンとクラフト・エールの市場の萌芽は、変性意識状態への欲求は止められないことを示す強力な徴候だった。

ドラッグ使用が人間の文化を超えて普遍的に見られることは、ドイツ人科学者エルンスト・フォン・ビブラ男爵が指摘した。フォン・ビブラは大物で、おそらく多くの人が今まで知らなかったことを不思議に思うくらいしばしば登場する一九世紀の有名人だ。

一八〇六年に今日のバイエルンで生まれ、この非凡な博学者は目もくらむほど広範な分野の著作を発表し、そのほとんどは何らかの形でその分野の特徴を明確に定義するものとなった。たとえば工業化学や冶金考古学、化学考古学、動物学、植物学などがその例だ。フォン・ビブラは幸運だったのか、特別な才能があったのか、若い頃四九回もの決闘を生き残っていることから、麻薬に特別な関心を持つようになったのも偶然ではなかっただろう。世界中の様々な植物に由来する麻薬の栽培、調整、摂取法を調査した書籍『麻薬依存症の嗜好品と人間（Die narkotischen Genussmittel und der Mensch）』でフォン・ビブラは次のように指摘している。「……わたしが『プレジャー・ドラッグ』という名を与えたこれら嗜好品のあれこれを摂取しないような者はこの地球上には存在しない。従って、その欲求には本質的な動機が存在するに違いなく、流行の概念や模倣への情熱によって説明することはできない」

この本質的な動機と、その動機がどのように現代的世界にとって極めて有害な存在となり壮大な不適合を生み出したのか、それを探究するのが本章の目的だ。

ドラッグの代償

ドラッグ摂取の代償は大きい。これを経済的費用に還元すると、もちろんドラッグの悪影響を金銭価値で評価することには問題もあることを理解した上でこうした換算を認めるなら、最近の推計でアメリカだけで年間八二〇〇億ドルという驚くべき規模になる。[1] 過度の飲酒による代価はイギリスだけで推計五五一億ポンド（約七〇〇〇億ドル）にのぼる。[2] この数字の内訳を詳しく見ると、飲酒による代償の幅広さと奥深さが見えてくる。犯罪や暴力、民間医療保険や失業による所得逸失による個人や家族の費用が二二六億ポンド。苦痛や悲しみによる人的損失も同程度。イギリス国民保健サービス（ＮＨＳ）の公費負担医療が三二億ポンド、公的介護、消防、刑事・司法サービスが五〇億ポンド、生産性の低下と欠勤が七三億ポンドだ。喫煙による代償は世界全体の国内総生産（ＧＤＰ）の二パーセントに当たり、毎年二〇〇万人以上が死亡している。[3] さらに依存性の高いドラッグに目を移すと、アメリカでは二〇一七年に七万人以上がドラッグの過剰摂取で死亡している。この数字は前年と比較して一〇パーセント近く上昇していて、こうした劇的な上昇をもたらしたのは、合成オピオイドの使用及び乱用が二〇〇七年以降の一〇年で一三倍に増加したことによる。[4] オピオイド系鎮痛剤は処方薬として利用でき非合法に入手することも可能で、オキシコドン（ヒルビリー・ヘロイン）やヒドロコドン（アセトアミノフェンとの合剤バイコディンは、テレビドラマ『Ｄｒ．ＨＯＵＳＥ』でヒュー・ローリー演じるグレゴリー・ハウスが常用）そしてフェンタニルがあり、ミュージシャンのプリンスが二〇一六年に偶発的過量投与で死亡したのがこのフェンタニルだった。アメリカにおけるオピオイドの乱用については「危機的」であるとか「蔓延」などと評され、依存症の予防と治療に向けた法令化の動きが刺激された。その結果二〇一七年にアメリカ合衆国保健福祉省から緊急事態宣言が発せられ、二〇一八年にはオピオイド危機対応法が上院を通過したにもかかわらず、危機的状態は続いている。ドラッグの乱用が世界中で大きな負担となっていることは間違いない。

　人間が抱える苦悩、経済的費用そして死という厳しい背景を考えれば、「ドラッグは悪」という考え方が、少なくとも社会的レベルでは当たり前となってきているのは驚くに当たらない。しかし、こうした考え方は最近になって意識されてきたわけではない。一七五一年の「ジン規制法」は、ロンドンにおける犯罪の大きな要因とされた蒸留酒の消費を減らすために制定された。一九世紀の禁酒運動はウィスキーボトルをめぐる終わりの見えないバトルだった。近年では麻薬戦争と無数の公衆衛生警告があり、広告キャンペーンや警察の取り締まりが実施されている。無責任にドラッグを使用することは明らかに個人の健康と生活を危険に曝し、より広い社会に深刻な連鎖反応を起こすが、ここでも進化的遺産とわたしたちが生み出した現代の暮らしとの間の不適合にその理由を見つけることができるのだろうか。答えは確実にイエスだが、その理由を理解するには、まずドラッグ使用は悪と決めつけない視点をもつ必要がある。

ドラッグの善と悪

「ドラッグは悪」は社会的なレベルでの見方だ。社会的には、こうした声明が正しいことは明らかで、これに反対するつもりはまったくない。しかしその考え方は、特に短期的には、ドラッグそのものが個々のドラッグユーザーに及ぼす影響とドラッグ消費による社会への影響をごたまぜにしてしまう。ドラッグを進化的視点から見る理由と、進化した獣である人間にとってなぜこれほど現代世界が不適合を起こすのかについて理解するには、偏見のない慎重な視点が必要で、ドラッグで気持ちが楽になることも受け入れなければならない。ドラッグは確かに善でもある。

ハイネケンやヘロイン、大麻やワイン、コカインやカフェインといった変性意識化合物を摂取すると、感覚が変化する。摂取した化合物によって、ドラッグ使用者は多幸感や高揚感、無敵性、過剰警戒、他者との強い情緒的絆（特にドラッグ愛好者間で）、さらに痛みや不安、猜疑心の除去といった体験ができる。用心深くなったり、感覚が研ぎ澄まされたり、深いリラクゼーション状態や幸せな夢がつづれ織りとなったような眠りに入いることもある。通常なら望ましい、こうした意識状態の強い変化は、少なくとも最初のうちは使用者にとって人生を享受する意味で素晴らしいことだろう。ドラッグによっては幻覚などの強い精神作用を経験する場合もある。幻覚やバッド・トリップの恐怖について多くが語られているが、大部分の人は健全なトリップを体験し、マイナスではなくプラスの人生経験を得ている。

ドラッグという言葉は、コカインやヘロイン、メタンフェタミン塩酸塩（ヒロポン）などの非合法で有害な物質の略語となっていると言ってもいいが、合法的に幅広く利用されているアルコールにも多くの人におなじみのあの心地よく強い効果がある。意識変性化合物として社会的に受容され合法的であるものと、社会的に受け入れられない非合法なものとの線引きは、大麻の合法化といわゆるリーガル・ハイ（合法ドラッグ）の議論によって、ますます曖昧になっている。この線引きは政治家にとって（常にとは言えないが、科学的証拠による申し分のない知識を持った政治家にとって）やっかいな問題だが、線がどこに引かれようと、ドラッグで気分がよくなるのだから、ドラッグをやり続けることは変わらない。一部の個人と社会全体に害を及ぼす可能性があるという確実な知識は受け止めたとしても、ドラッグはわたしたちを心地よくしてくれるのである。禁止令や法律、厳格な措置、過剰摂取、人間破壊があろうと、ドラッグの摂取は止められないし、将来も止まることはない。それは何度も言うが、ドラッグがわたしたちを心地よくしてくれるからだ。

報酬系

ドラッグによって刺激される脳内の反応経路と同じような反応が、他のどんな刺激によって生じるのかを調べてみよう。すると長い目で見れば害を及ぼす可能性があることはわかるのだが、それでもドラッグをやり続ける理由が、進化的視点から見えてくる。多くのドラッグは化学的な性質は非常に多様だが、幸いにしてそうした化合物の多くは、脳への作用という点でかなりの類似性がある。具体的に言えば、多くのドラッグが「中脳辺縁系経路」、あるいはもっとわかりやすく「報酬系」と呼ばれる神経伝達経路に作用する。この神経伝達経路が刺激を受けると、複数の作用を持つドーパミン（以前にも第四章と第五章で出会った神経伝達物質）が放出される。ドーパミンは第一に「インセンティヴ・サリエンス」つまり報酬が期待される刺激に対する欲求と意欲を調整するが、このことについてはすぐ後で詳しく述べる。第二にドーパミンは強化学習を促進し、脳で刺激と報酬の間の連絡を形成できるようにする。さらに快楽の主観的経験に関係している可能性もある。

通常は中脳辺縁系経路と関連する報酬刺激はたいていふたつに分類される。

●内因的で基本的な刺激は生存と子孫の繁栄に有用なもので、糖質の食物と性交がこの範疇に分類される。中脳辺縁系経路は、わたしたちを刺激し、教育し、さらに生存して子孫を残すために必要なものを探し出すメカニズムとして選択され進化してきた。

●外因的刺激は、お気に入りのチームが勝利するのを見たり新しい靴を買ったりすることなどを快楽と関連づけるために中脳辺縁系の二次的作用によってわたしたちが学習したもの。

結局のところドラッグの使用に関連するメカニズムも生化学的なもので、脳内で化合物が分子レベルで作用するわけだが、使用者はこうした作用を感情的、身体的レベルで感じる。ドラッグを使用すると、その刺激によってしばしば強力に増幅された多幸感と高揚感が得られるが、それは生存のために極めて重要な刺激として感じられるように進化してきたものだ。狩猟遠征で獲物を仕留めた時や、食物を大量に採集できた時、あるいはセックスで感じるハイな気分もこうして進化してきた反応で、繰り返し再現したくなる快感を生む。この進化によって獲得したハイな気分を、ドラッグで得られるような大きく増幅されたハイな気分で置き換えれば、わたしたちの脳はまったく同じように反応し、さらに快感を求めるようになる。

このようにしてドラッグがよく効く説明をするのが「ハイジャック仮説」だ。ドラッグが中脳辺縁系の報酬系をハイジャックし、ドラッグの服用が適応に有利な行動だというシグナルを出させると考える。幸せな気分を感じさせてくれるものに悪いものはないというわけだ。進化によって獲得された既存の脳の機構をハイジャックするということの仮説は、ドラッグ摂取という現代世界でのわたしたちの行動をしっかりとした進化的背景において捉えた強力で直感的な説明になっている。さらに人間以外の動物の薬物探索行動についてもこの仮説によって説明可能だ。

　多くの動物は、チンパンジーのような近縁種からずっと系統的に離れたウマでさえアルコールをこよなく愛する。強力なドラッグの場合、研究にはネズミが特に役立つモデルとなることが知られている。ネズミについてはかなりよく研究されていて、実験もしやすく、人間と同じように、機会が与えられれば限度をわきまえないドラッグ愛好家になる。ケージ内にあるレバーをネズミが押すと、ドラッグ供給装置から検証したいドラッグが一定量出るようにしておく。ネズミがレバーを押し下げると当たりで、たとえばコカインなどが出る。ドラッグはチューブを通して直接脳の側坐核へ送られる。側坐核は前脳底部にある領域で、中脳辺縁系経路つまり報酬系の重要な部位だ。ネズミがレバーを押すと、ドーパミンを放出する脳の経路にコカインが直接注入される。これまで見てきたように、ドーパミンの放出によって報酬系が刺激されるだけでなく、ネズミの脳に繰り返しレバーを押すことを教え、ドラッグを摂取する行動も強められる。[5] そしてネズミはレバーを押す行動を繰り返すことになる。この実験設定でネズミはドラッグの自己投与行動を夢中になって学習し、脳内の神経伝達経路が活性化されるわけだが、これはわたしたちの脳内で起きていることとまったく同じだ。ヘロインやモルヒネを入れた投与装置をやはり直接中脳辺縁系経路に接続しても同じ結果が得られた。こうした実験でわかることはとてもはっきりしている。進化的視点からすれば、行動に報酬を与えることはよいことなのである。わたしたちの脳に関する限り、ドラッグは非常に有効な報酬を提供する。

使用から乱用、依存（報酬系障害としての嗜癖）へ

ドラッグを摂取する行動が続くと、人間かネズミかにかかわらず依存の状態になる。何が依存で何が依存でないかの定義や、依存と疫病としての依存症の混同によって生じる重要だが微妙な問題があり、依存は生物学的にも社会学的にも難しいテーマになる。わたしにはなりゆきで議論がテーマから大きく外れる癖があって、特にハイジャック仮説がわたしたちのドラッグ摂取の傾向を小気味よく説明してくれるようなので、この辺で現代世界に現れる特殊な問題に話題を移すことにする。しかしどんな方法で評価しようと依存はドラッグ摂取の大きな代償のひとつだ。またわたしはドラッグ摂取に注目してきたが、少な

くとも日常会話で「依存」と言った場合、ドラッグ以外に多くの行動も含まれる。モバイル・テクノロジーの周辺では、このテクノロジーをひっきりなしに利用し、そうした利用を抑えることができず、そのことからソーシャルメディアの利用も止められないことを依存と捉える記述がますます増えている。ギャンブルも嗜癖につながり、これも後で見るようにわたしたちの進化的過去にもっともらしいルーツがある。セックス、糖質、買い物でさえ依存になることがあり、こうした行為が嗜癖のレベルに達すると、その行動を抑制し行動を変えることができなくなり、大きな問題となる。ハイジャック仮説はわたしたちのドラッグ摂取を小気味よく説明し、報酬系との関連で外因性の刺激を学習することが、有害になりうる行動を続けてしまうことを説明してくれるかもしれないが、現代世界との関係を考える上では、ハイジャック仮説は単なる始まりに過ぎない。ドラッグの害は(初期の過剰摂取は除いて)、一般的に摂取が定着し使用の段階が卒業となり嗜癖に移行することで現れる。わたしたちが生み出した現代世界と進化的過去との不都合な相互作用を十分に把握するには、この嗜癖の段階をドラッグに対してだけでなく、重要になりつつある様々な行動についても理解する必要がある。

依存は複雑な問題だと言ったが、ドラッグ使用とドラッグ依存との生物学的な関係はすかっとするほどシンプルだ。依存は一般的に脳の報酬系の障害と定義され、その副作用にもかかわらず報酬刺激に強迫的に没頭することで特徴づけられる。つまり、報酬系を刺激するドラッグを摂取するとドーパミンの分泌が刺激され、脳はこの報酬が得られる行動つまりドラッグ摂取をもっと行うように学習するのである。こうしてどんどん増幅する破壊的フィードバック・ループに陥る。依存の主な特徴は摂取の自制ができなくなることだ（自制については第七章でも見た）。脳のある領域での相互作用と、その後の報酬系との相互作用により渇望が生じる[6]。この渇望によって依存はさらにドラッグが得られる行動へと動かされるが、もちろんそれは強奪や泥棒、暴力犯罪など、ドラッグ依存の負担を社会が負うことになる行動でもある（第七章でもちあがった問題とも明確なつながりがある）。

ドラッグを繰り返し使うことで報酬系が訓練され依存となる。しかしドラッグの中には別のもっと劇的なニューロンに対する作用をもつものがある。たとえばヘロインも繰り返し使用していると、そのうちヘロインの依存症になる。しかしこの場合の依存は報酬系とは別の視床と脳幹のニューロンが、ヘロインが存在する時に機能するように順応するためヘロインに依存してしまう。これらのニューロンはドラッグが存在しないと正常に機能しないようになるのである。使用者が問題のドラッグの摂取を止めれば、使用者には離脱が起き一連の不快な症状が現れる。こうした身体的症状はドラッグによって異なる。ヘロインの場合コールド・ターキーという極度の不安、発汗、振戦（ふるえ）、嘔吐そして下痢といった症状が見られ、注意深く用量を管理しながら摂取を減少させる場合より、一気に完全に止めようとする場合に現れる。離脱は医学的に重篤になる場合があり、依存薬物によっては急に止めようとすると生死に関わることもある（たとえばベンゾジアゼピンやバルビツール酸系薬剤）。離脱症状は、異常な不快感のあと症状がさらに悪化するというパターンを経て、完全に回復する。この症状を緩和する唯一の方法が依存性ドラッグをさらに摂取することで、もちろん（報酬系を介して）依存につながり、ドラッグへの極めて強力な欲求を生むことになる。ドラッグが社会にもたらす犯罪関連のコストの大部分は、この強力な欲求によるものだ。

　依存と神経学的な依存症は、特定の薬物と脳の間のはっきりした相互作用に基づく生理的症状だ。こうした身体症状に加えて、精神依存もドラッグ摂取行動の強力な原動力となる。精神依存の症状としてはパニック発作、不機嫌（深刻な不安感や不満感）、無気力、快楽を得られなくなる無快感症（アンヘドニア）そして古くからの相棒であるストレス（第五章）などがある。精神依存も生化学反応に基づくものだ。結局のところ、わたしたちが考えたり感じたりしていることすべてが化学反応によるものなのである。従って依存症も神経伝達物質の活性度が変化したり、脳内における受容体の機能が変化することによって起きるだろう。ここでも、ドーパミンが重要な役割を果たしているようだ。[7]

不潔で薄暗い常習者のたまり場でぼろぼろになったジャンキーを七転八倒させるヘロインなどの非合法薬物、いわゆる依存性の強いハード・ドラッグだけで依存と離脱を理解しようとするのは安易過ぎる。依存と離脱が常にこのように常軌を逸しているわけではない。二〇〇七年、医学学術誌ザ・ランセットに掲載された論文では、身体への危害と依存の可能性そして社会的損害を計量できるように開発したスコア（有害値）を利用し、九つの評価項目に対して〇～三の間の数値を用いて評価をつけ、専門的な経験を積んだ研究班が二〇のドラッグについてその有害性を比較した。[8]有害度ナンバーワンがヘロインで、続いてコカイン、バルビツール酸系とストリート・メス（メサドン）で、メサドンはオピオイドの離脱症状の管理に処方されるが、それ自体が習慣性のあるオピオイドの一種で、闇市場に出回り乱用されやすい。第五位にランクインするのはあらゆる職業、あらゆる階層の大多数の人に特別に愛されているドラッグ、アルコールだ。アルコールの依存と離脱も非常に深刻で、ベンゾジアゼピンやバルビツール酸系と同じように、急に止めようとすれば生死に関わる場合がある。アンフェタミンのすぐ後の第九位には日常的に愛用されているもうひとつのドラッグ、タバコが入った。タバコは身体依存に関してはコカインより有害値が高く（コカインの有害値は三点満点で一・三だがタバコは一・八）、精神依存もコカインより〇・二小さいだけだ（タバコは二・六と驚くほど高く、コカインはこれよりわずかに高い二・八）。

環境としての政治

この論文の筆頭著者はデイヴィッド・ナット教授、イギリス人神経精神薬理学者（ニューロサイコファーマコロジスト）だが、この職業名はワインを飲み過ぎた後だとうまく言えない。ナットの専門はドラッグとその影響に関する研究で、依存症も彼の研究対象だ。わたしたちが前適応的ドラッグ使用者として行動している現代の環境について、ナットの研究は重要なことを示してくれているので、ここで寄り道しておくだけの価値がある。その環境にはすでに第七章で、そしてこの後の第九章でも見るように、メディアも入るが、わたしたちの社会の政治状況も含まれる。

デイヴィッド・ナットの名をご存じだとすれば、それは彼がある論争に関わっていたからだろう。二〇〇八年、ナットは薬物乱用諮問委員会（ＡＣＭＤ）の委員長に任命された。イギリスにおける公的な諮問機関で、一九七一年の薬物乱用法の可決の後、同年に設立された。ＡＣＭＤの委員長としてナットは、経験的証拠を考慮するより政争の具となることを懸念する政府と衝突した。二〇〇九年、ナットはジャーナル・オブ・サイコファーマコロジーに「エクアシー（Equasy）――薬物の有害性に関する現在の議論で見落とされる依存」と題する論説を発表した。エクアシーなど聞いたことがないという人でも大丈夫、社会のドラッグ習慣の最新のトレンドに精通する必要はない。ナットはこの論説で意図的に挑発し、乗馬のリスク（ウマは英語でequidsともいう）をエクスタシー（３，４―メチレンジオキシメタンフェタミン、別名ＭＤＭＡ）のリスクと比較し、この時エクスタシーの依存症と関連づけEQUine Addiction SYndromeの頭文字から乗馬をエクアシーと呼んだ。一読の価値があるこの論説でナットは、乗馬に関わる大きなリスクと損害を概説し、三五〇回の曝露つまり乗馬で一回の重篤な有害事象が生じると結論した。[9] 乗馬による傷害としては、重篤な麻痺や死に至ることさえある（年間一〇人）。一方エクスタシーの場合、一万回の曝露に一度の割合で有害事象が起きている。ナットは二〇〇七年の論文で開発した尺度を利用しながら、乗馬はエクスタシーより圧倒的に有害度が高いが、社会は乗馬を禁止する必要を感じていないと論じた。

ナットは乗馬を禁止すべきだと提案したわけではない。ドラッグの危険性について不安や懸念といった印象による知覚リスクではなく、実際のリスクに対する慎重で合理的な対応をとることを提起したのである。政治的動機から知覚リスクが利用される場合もあり（ドラッグ撲滅というアピールも多くの階層で票集めになる）、知覚リスクがメディアによって誇張されている可能性もある。薬物死に関して極めて強くバイアスがかかった報道をするメディアの本性を指摘した研究が二〇〇一年に発表され、ナットもこの論文を引用している。その研究では、それまでの一〇年間にパラセタモール（アセトアミノフェン）による死亡例は二五〇件あったがメディアが報道したのはそのうち一件だけで、エクスタシーについては死亡事件が起きるたびに毎回メディアは大々的に取り上げていることが明らかにされた。

しかし合理的で証拠に基づく方法を求めたナットの論説は、ドラッグの法規制の推進をすり込まれた政治的な環境を動かすことはできなかった。大麻をクラスBドラッグに戻した当時の内務大臣ジャッキー・スミスは、前年に、クラスCに止めることを票決（二〇対三の差で可決）したACMDの勧告に従わなかった。[10] さらに二〇〇九年にはエクスタシーがもたらす危害がクラスAには当たらないことが証拠によって示唆されているにもかかわらず、スミスらはエクスタシーをクラスAドラッグに止めることを強く主張した［イギリスの一九七一年薬物乱用法により薬物犯罪に対する刑罰としてクラスAが最も重く、次いでクラスB、クラスC］。二〇〇九年二月、ナットの論説を受け、スミスは乗馬による死者がエクスタシーより多いという論評（事実として正しい）について謝罪するようナットに要請したが、ブリティッシュ・メディカル・ジャーナルはそれをナットに対するいじめのようなものと評した。二〇〇九年一〇月にはナットが同年の七月に行った講演を掲載したパンフレットが発表され、そこで彼は自らの見解を繰り返し、ドラッグは実際の危害によってはっきりと示される証拠に基づいた方法で分類すべきだと主張した。これでドラッグに厳しいという世論を作り上げてきた政府の怒りは頂点に達し、新内務大臣アラン・ジョンソンはナットを解任した。ナットにとっては実に挑戦的な二〇〇九年だったかもしれないが、スミスにとっては巡り合わせが悪い年となった。妹の家を主な住まいとし実際の住まいを別荘としていたことに関する議員経費スキャンダルが発覚し、二月には夫が見たポルノ映画を含む通信料金を経費として請求したことが明らかにされた。現代世界でわたしたちが構築した環境はことほどさように単純ではない……

効能と入手可能性

ハイジャック仮説では神経学と進化の分析から、ドラッグへの偏愛については説明できるが、それだけでは進化と環境の間に潜在的な不適合があることの説明にはならない。この問題に取り組むには進化と環境をむすんだ方程式の反対側、つまり現代の環境について検討する必要がある。すでに見てきたようにドラッグに関しては、環境をわたしたちが生きている社会的文脈や政治制度など様々な複合的な視点で捉えることができる。しかしドラッグの管理における政治と社会の役割に注目するのではなく、また生物学と進化から遠く離れた議論に絡め取られるのでもなく、わたしは環境をドラッグそのものによって、特にその種類と効能の強さ、そして現代世界での入手しやすさによって規定できるものとして考えたい。

すでに見てきたように、人間はドラッグと長年の付き合いがあり、その関係は実に豊かで多彩で記録による裏付けもあるが、ドラッグ摂取の歴史研究から明らかにされたのは、わたしたちの祖先には現代の人間と比べると衝撃的な制約があったことだ。嗜癖（依存）や身体への危害そして現代世界における問題と最もつながりの深いドラッグは、祖先の手には入らなかったのである。コカインについて考えてみよう。アンデス山脈の先住民が昔からコカ属（*Erythroxylum*）の植物、特にコカ（*Erythroxylum coca*）の葉を噛んだり、お茶にして飲んだりしていて、多くの地域で今も続いていることはよく知られている。コカの葉にはコカインが含まれていて、葉を噛むと穏やかな刺激があり空腹感とのどの渇きが癒やされ、さらに高山病の軽減など多くの利点がある。しかし、平均的なアンデス地方の住人がハイになって、中流階級のディナー・パーティーであることないことのべつまくなしにしゃべり続けて、恥をかいているなどと想像してはいけない。コカの葉に含まれるコカインの量は極少量で、植物の種や変種、採取地にもよるが、重量比でおよそ〇・五パーセントといったところだ[11]。現代世界でわたしたちが知っているコカインはそれとはまったく異なるドラッグだ。

コカの葉に含まれるコカインからコカイン塩酸塩、つまり医薬品コカインという薬物を得るには複雑で労働集約的な工程が必要になる。まず初めに莫大な量のコカの葉が必要になる。一キロのコカインを製造するには五〇〇キロ以上の葉が必要になり、アンデス地方の市場でよく目にする変わった袋にどっさり入った葉の量よりずっと多い。原材料が手に入ったら、溶媒抽出法（一般的にガソリンかケロシンを使う）か硫酸を用いる酸抽出でコカインを抽出しなければならない。どちらの抽出法も溶液中からコカ・ペーストを沈殿させて抽出するために、多くの化合物を加える必要がある。こうして得られたペーストをコカイン・ベースと言い、これをさらに化学的には塩酸と反応させ、物理的に水圧プレスを用い、フィルターを通してコカイン塩酸塩が得られる。この物質を過熱し粉末にする[12]。こうしてできた粉末を鼻で吸引するのが一般的だ。スノーティングと言って適当なチューブやお札を丸めて鼻につけて吸い込む。

先にも述べたように、コカの葉に含まれるコカインは一〇〇グラムにつき約〇・五グラムで、一キロのコカインを作るには五〇〇キロものコカの葉が必要だった。遊びで吸引する場合コカイン塩酸塩の使用量は一回につき通常五〇〜一〇〇ミリグラムが一般的だ。コカイン塩酸塩の純度を五〇パーセントと仮定すれば（ストリートコカインは純度が高く六〇〜八〇パーセントのものが多い[13]、一般的なユーザーが一回に吸引するコカインは約二五〜五〇ミリグラムになる。さて、コカインは植物からふんだんに得られるわけではなく、他にも考慮すべき要因はあるが、すでに見てきたように大雑把に言えば、一般的なコカインユーザーの吸引量に近づけるだけでも膨大な量の葉を使わなければならない。利用可能性やその他の要因の違いを無視すれば、同様のヒット「麻薬一塊分の量を表す俗語」をコカの葉から得るには数秒で一〇グラムの葉を消費することになる。参考のために、我が家の裏庭にあるセイヨウイボタの木の葉は形も大きさもコカの葉とそれほど変わらず、この葉は山盛り一握りで約一〇グラムになり、これを数秒で食べきるにはそうとう悪戦苦闘するだろう。実際コカの葉は丸一日かけてゆっくり噛むもので、二四時間で葉に含まれるコカインを二〇〇ミリグラムも摂取する強者もいるが、それでもコカインの摂取濃度は非常に低く、普通はそれほど大量にコカの葉を使用することはない。[14] コカイン塩酸塩を吸引して得られる濃縮された強力な快楽は、自然に生えている葉に高度な加工を施した粉末でなければ得られないのである。

同じようによく知られた極めて依存性の高いドラッグであるヘロインも、原材料である天然産物とはまったく異なる物質だ。オピオイドは、ケシの未熟果に傷をつけ、滲《にじ》み出た乳液を乾燥させたアヘンから製造される。この乳液にはモルヒネのほかにコデインやテバインが含まれる。テバインからはアメリカのオピオイド禍に関わるオキシコドンなどのオピオイドが製造できる。コカの葉に含まれるコカインと同じく、わたしたち人類にはアヘンを利用してきた長い歴史があり、その歴史は六〇〇〇年以上も遡ることができ、スペイン、アンダルシアのクエバ・デ・ロス・ムルシエラゴス（蝙蝠の洞窟）でその頃アヘンが利用されていた証拠が発見されている。モルヒネはアヘンに含まれる化合物のなかで最も量が多く、強力かつ重要なもので、乳液の重量の約一〇パーセントを占める。アヘンは人間が使用してきた長い歴史と強力な作用のある天然産物なのである。しかし第一に一八〇〇年代前半にアヘンから抽出されたモルヒネ、次に一八七四年にモルヒネから初めて合成されたジアモルヒネつまりヘロインと比べると、天然アヘンの効能は劣る。アヘン中に一〇パーセント含まれるモルヒネを濃縮すると、アヘンより強力な作用があり強い依存性が生じることはすぐに知られるようになった。またヘロイン（化学会社のバイエルがつけた商品名）はさらにモルヒネの約二倍強力とされている。

コカインとヘロインは現代世界におけるドラッグ環境の重要な特徴を示している。つまりドラッグはかつてより遥かに強力になっているということだ。わたしたちは自然に存在する原料を加工、濃縮する技法を洗練、発展させ、強力なドラッグを製造できるようになったわけだが、現代世界におけるドラッグの効能の増強は、かつてわたしたちの祖先が享受していたのと現在もまったく同じ方法で利用されているドラッグ、大麻についても言える。大麻はアサ属（*Cannabis*）の植物で、その蕾と葉、あるいはハシシにする樹脂抽出物を普通は加熱するか燃焼させてその煙を吸引する。大麻は食べたりお茶にして飲んだりすることもできる。大麻の煙を吸引するために火の中に放り込むにせよ、贅沢に水パイプと気化器を用意するにせよ、基本的な使用法は数千年前とまったく変わっていない。大麻はこれまでのところ、コカやケシのように工業的に加工され幅広く利用される様々な製品が出回るようになることはなかった。大麻で起きたのは人為選択を介した進化だった。アサ属植物を選択的に育種することで、わたしたちの祖先が利用していた野生のアサ属植物と比べてテトラヒドロカンナビノール（ＴＨＣ）の含有量が圧倒的に多い最終産物を生み出したのである。大麻草（蕾と葉の部分）に含まれるＴＨＣに関する文献の大がかりな組織的レビューとメタ分析から、ＴＨＣの全体的含有率は一九七〇年に約一〜二パーセントだったものが、二〇〇九年には五〜九パーセントに増加し、全体的に平均五パーセント増加したことが明らかにされた。その後の一〇年でこの増加はさらに加速し、大麻は近年急速に強力になっている。大麻のいくつかの株のＴＨＣ含有率の定期的検査では優に二〇パーセントを超え、アメリカの一部で大麻が合法化されたことがＴＨＣの水準が非常に高い大麻製品の開発につながった[16]。最近の大麻環境はコカインやアヘンと同じように、さらに強力な製品を製造するテクノロジーによって変化し始めている。このことはＴＨＣを豊富に含有するアサ属植物株の育種と合わせて、強力な大麻利用が増えることで精神疾患につながることを恐れる多くの人を心配させている。今のところまだ大麻と精神疾患の関連性ははっきりしていないが、徐々にこの関連性を示唆する証拠ができているところだ。[17]

わたしたちの直近の過去におけるドラッグ環境には、効能の増強とともに利用可能なドラッグの種類にも大きな変化があった。これまでにやってきたドラッグの改良以上のこと、つまりまったく新しいドラッグを生み出したのである。合成乱用ドラッグの長大なリストにはアンフェタミン、メタンフェタミン（クリスタル・メス、ヒロポン）、エクスタシー、バルビツール酸系、LSD、フェンサイクリジン（PCPまたはエンジェルダスト）そしてケタミンが含まれる。一方、グローバリゼーションによりドラッグを世界中に極めて容易に出荷できるようになり、インターネットによって売買のあらゆる可能性が開かれた。現代の環境は大きな誘惑であり、セックスの快楽と熟れたベリーの悦びを享受し報酬を与えるように進化した脳をハイジャックする新しい強力な誘惑の宝庫なのだ。

酔いどれのサル

酔っ払っている間に、あるいは少なくともアルコールの影響が残っている間にもセックスをしている人が非常に多いという点については、比較的異論がないようだ。要するに酔っ払いがセックスできなくなるメカニズムはなく、多くの雑誌の読者相談コーナーで酔っ払ってもセックスはできることを強力に示唆しているのだから、わたしたちの多くはアルコールの刺激を受け、その力を借りて合体していた可能性が高いということだ。アルコールは羞恥心を消し、少なくとも短期的には人を社交的にしてくれるものなのだ。最近の研究によると、大麻の使用にはセックスの頻度を増加させる効果を生む可能性があり、[18] エクスタシーというドラッグは性欲と性的満足感を増幅させることが明らかにされている。[19] ドラッグの使用による精神状態の変容によってセックスの頻度が多くなるなら、ある意味で、わたしたちは少なくともいくつかのドラッグについては進んでハイジャックされるというもっともらしい進化的仮説を構築できないだろうか。最も多く利用され乱用されているドラッグであるアルコールに関しては、答えはおそらくイエスだ。

　アルコールの数多くの側面を考慮すれば、アルコール消費に関する、進化論的議論を構築し、その証拠を示すことができる。第一に製造が簡単であることだ。酵母菌が糖をエタノールに変換するアルコール発酵は自然に起きるので、オオムギやコムギ、トウモロコシやコメを栽培するようになるとすぐさまアルコールが登場した。実はアルコールの製造には穀物すら必要なかった。たとえば果物を集めても発酵させることができ、ミルクを発酵させると馬乳酒（クミス）ができた。馬乳酒は少なくとも七〇〇〇年の歴史がある飲料で、アルコールが最大で二・五パーセント含まれる。アルコールを摂取できる環境が確かにあり、歴史もわたしたちが古くからアルコールを摂取してきたことを示唆している。

第二にアルコールを摂取すると気分がよくなる。研究によってアルコールは脳内の最も重要なドーパミン神経回路である報酬系に作用することが示されている。[20]そしてすでに見たように、わたしたちは気分がよくなることをやりたくなるものだ。第三にアルコール飲料は少なくとも初期には、栄養価が高く、場所によっては近くで得られる水を飲むより安全でもあっただろう。第四に、そして最も重要なのは、アルコールはほどほどの量で強力な社会的潤滑剤となることだ。飲み交わすことで集団の絆を揺るぎないものにできただろうし、狩猟などの活動や一般的な社会組織にも大きな利益となっただろう。もちろん今ではアルコール依存は世界的に大きな健康問題となっていて、アルコール依存症は依存が非常に強いため一気に止めようとすれば死亡することもあり、アルコールにも深刻な否定的側面がある。しかし人類がアルコールの摂取に適応しはじめた頃、あちこちの店でアルコール度の高いビールやワイン、蒸留酒を売っていたわけではない。初期のアルコール度数が低かったこと、飲酒習慣を生んだ環境でのアルコール入手可能性が低かったことを考えれば、初期の飲酒環境は現代世界の環境とはまったく異なっていたのである。

ここまでの展開は順調だが、これだけでは必ずしも飲酒に対する進化的適応が必要とは言えない。あとはアルコールが報酬系を刺激する証拠と、併せて発酵飲料を消費することで得られる栄養面での利益が判明すれば、ハイジャック仮説によって小気味よく一件落着となる。さらに社会的絆の価値と文化的習慣を受け継ぐ能力がアルコールによって高まるなら、それ以上進化の議論を進める必要はない。そこでわたしたちの進化史をさらに遡ってみると、飲酒に対する非常に堅固な進化的仮説が浮き上がってくる。その仮説は「酔いどれサル仮説（*Drunken monkey hypothesis*）」という魅力的な名称で知られるようになった。

酔いどれサル仮説の中核を成すのは、果実が熟しさらに過熟すると自然に発酵してアルコールを生むという事実だ。この仮説の提案者ロバート・ダドリーは、わたしたちの祖先は、一〇〇〇万年前の話だが、エタノールの匂いに魅力を感じるように自分を遺伝的に（感覚的にそして行動的に）進化させ、栄養価の高い価値ある食物を探せるようになった。エタノールの匂いは空中を漂い遠く離れていても検出できたはずだ。その匂いをかぎ取った動物は森の中の栄養豊富な果実に向かい、かぎ取れなければほとんど果実を得ることはできなかっただろう。

酔いどれサル仮説には、アルコール飲料中のエタノールを分解する酵素であるアルコールデヒドロゲナーゼ（ＡＤＨ）の進化という裏付けがある。二〇一四年に発表された研究ではＡＤＨ４というＡＤＨのある特定のタイプの進化と機能について調べるために古遺伝学のテクニックを利用した。古遺伝学では遺伝子配列の進化を調べることで、大昔に絶滅した祖先からタンパク質を蘇らせることができる。この研究では霊長類の祖先からＡＤＨ４を蘇らせ、今から一〇〇〇万年前頃に大きな変化が起きたことを明らかにした。ＡＤＨ４はわたしたちの口腔や食道、胃に存在するが、一〇〇〇万年前まではエタノールを分解する能力はかなり低かった。一方その変異型のＡＤＨ４は分解能力が四〇倍も高く、この酵素によってわたしたちの祖先は発酵してアルコールを含んだ果実を消費できるようになった。この一〇〇〇万年前というタイミングが興味深いのは、わたしたちの祖先が林床での生活に適応した時期と一致するのである。林床では熟れ過ぎて発酵した果実に出会えたはずだ。また、この頃アフリカでは森林が縮小し草地が拡大していた。広く開けた平野ではわたしたちの祖先は簡単に他の動物の餌食になってしまうので、平野部を避けることが重要だっただろう。そうだとすれば徐々に縮小する森で希少になってゆく果実を発見する能力は、ＡＤＨ４の進化に対する強力な選択圧となっただろう。ちなみにＡＤＨ４のもともとの変異型は、ゲラニオールという別のアルコールの代謝能力が非常に高く、桂皮アルコールやコニフェリルアルコール、アニスアルコールといったアルコールの分解にも優れ、これらのアルコールは植物が草食動物による葉の被食を防ぐために生産しているものだ。[21] 樹上生活をしていたわたしたちの初期の祖先にとっては、葉を食べるタイプのＡＤＨ４変異型が必要だったが、彼らの子孫は果実を食べるために最適な変異型を手に入れたのだ。

ＡＤＨ４によって初期の祖先が消費できるようになったエタノールは非常に低濃度で、それはエタノールの生成過程による必然的結果なのだが、おそらく食物と一緒に摂取されていたはずだ。こうした少量のアルコール消費は健康によいことが知られている。たとえばがん全体で考えた場合、中年男性を対象とした調査によればがんによる死亡率は、一日に基準飲酒量（一《ワン》ドリンク＝欧米ではワインなら約一三〇ミリリットル）まで摂取した人の方がまったく飲まない人より低いことがわかっている。[22] また適量の飲酒は脳への血流が著しく低下することで生じる発作（虚血性脳卒中）の予防にもなる。

人類は系統学的に見て非常に早い段階で、食事への選択圧の結果としてアルコールを消費する能力を進化させたことが証拠から示唆されている。発酵した果実を発見し消費する能力は有利に作用し、そこに含まれる少量のアルコールは健康増進にもつながっただろう。ドーパミン神経回路である報酬系との相互作用によって、栄養価が高く有益な食物と快楽が結びついた。そして進化の流れをずっと下って農業が登場すると、人為的に大量に糖をアルコール発酵させることが可能になった。この人為的な発酵によって、わたしたちの報酬系を強力に刺激する濃度の高いアルコールが大量に存在する環境が生まれた。ある程度までは、大量のアルコールが社会の潤滑剤となり集団の絆が深まることで繁殖と生存に有利に作用し、アルコール消費量の増加による健康の犠牲より利益のほうが勝っていたのだろう。アルコール飲料は比較的どこでも手に入るようになり栄養も供給できただろう。こうした利点はあったものの、エタノール環境を変化させたことで、この時すでに人間は現代のアルコール乱用問題へ向けて踏み出していた。現代世界ではアルコール濃度はかつてよりずっと高くなり、入手も容易になっていて、そのことが極めて強力で危険な進化的不適合を生み出したのである。

リスク嗜癖

ここまでわたしたちは薬物乱用について検討し、嗜癖障害と依存に関する現在の問題が、進化的遺産と現代世界との間のハイジャックを介した不適合の結果であるという説得力のある主張を展開してきた。こうした考え方は、少なくとも日常的な言葉遣いで中毒と言われるような行動にも当てはまるのだろうか。ここで指摘しておきたいのは、特定の行動が医学的に嗜癖として受容されるにはかなり時間がかかったのだが、今ではギャンブル障害やオンラインゲーム障害だけでなく、嗜癖性のある過剰行動として、インターネット、摂食、セックス、買い物、運動そして日焼けなどが、薬物依存症と肩を並べて受け止められるようになっている。セックスと食べること（特に脂肪と糖分の多い食物）への嗜癖は進化的視点から完全に理解可能だ。セックスは中脳辺縁系の報酬系を刺激し、その機会が多ければ、すでに見てきた強化と学習のメカニズムが報酬系を乗っ取ることは容易に理解できる。食べることもまた報酬系の一次刺激のひとつで、特にファストフードでの食事は高カロリーの饗宴のようなもので、少なくとも短期的には高い報酬が得られる。ポルノ嗜癖は、インターネットによってポルノを容易に観賞できるようになった環境でのポルノ利用に関する幅広い問題のひとつで、特にマスターベーションとオーガズムを伴うとすれば、中脳辺縁系の報酬系の一次刺激として説明することもできる。

進化的な意味で特に関心を呼んでいるよく知られた嗜癖が、ギャンブルに対する嗜癖だ。プロブレム・ギャンブリングとも言われるギャンブル依存は今では嗜癖として分類され（『精神障害の診断と統計マニュアル第五版』ＤＳＭ―５による）、正しくは「ギャンブル障害」という。ギャンブル障害は（金と時間の点で）ギャンブラー自身か、他人（普通はギャンブラーの家族）にとって問題となるギャンブル行動をすることだ。ギャンブルへの欲求、ギャンブルへの没頭、そして大金を何度も注ぎ込むことで負け追い（ギャンブルに負けるとその損失を取り戻そうとさらにギャンブルにのめりこむこと）状態に陥り、自らのギャンブル行動を隠蔽し、回数を減らしたりあきらめたりすることができなくなり、ギャンブルができなくなると離脱症状（怒りっぽく落ち着きがなくなる）が現れるようになる。アルコールの乱用もギャンブル障害にはよく見られることで、慢性的なギャンブラーは自殺を考えたり、実際に自殺を試みたりする場合もある。

ギャンブルはたかがギャンブルではあっても、知識と技能があれば大勝ちすることもある。しかし現実にはほとんどのギャンブラーが負けることになっている。フルーツマシーン（スロットマシーン）を見れば、ペイアウト率（還元率）がはっきりと表示されているのがわかるだろう。いわゆるプレーヤーへの還元率は普通八〇パーセントから九八パーセントの間で、たいてい八五パーセント前後だ。たとえばフルーツマシーンに一〇〇〇ポンドを投入すれば、プレーヤーには平均で八五〇ポンドが戻ってくることになる。誰が考えても割に合わない。もちろん運良く大当たりということもあるが、たいていはそんなことはなく、プレーヤーへの還元にあるように何度も繰り返せば確実に負ける。回を重ねればいくら投入しようと平均で一五パーセントの損になるのである。[23]

スロットマシーンは運次第のゲームだが、ある程度の技能を必要とするゲーム（カジノのカードゲームなど）ならギャンブラーのペイアウト率を改善することは可能だ。しかし全体的にみれば、賭け率は必ずカジノ側にかなり有利に設定されている。競馬やその他のスポーツ賭博では、知識と情報を集めたギャンブラーが勝率を上げることもできるが、大きな番狂わせがたて続けに起きれば確実な勝利など現実には存在しないことがはっきりわかる。ギャンブルは見たところ非常に不合理で損害を被ることになる行動なので、人がなぜギャンブルをし、なぜ止められないのかを理解するために、ギャンブラーに関する多くの研究が生化学的機構を模索したのもよくわかる。

こうした研究の結果は必ずしも明快というわけではなく、ギャンブラーによってはアドレナリンの水準を上昇させるためにギャンブルに身を投じている可能性や、ギャンブルが何らかの形でセロトニンと関連している可能性もある。またギャンブルは他の衝動制御障害や不安障害、あるいはパーソナリティ障害とつながる可能性、そしてご想像通り、中脳辺縁系の報酬系を刺激するといった示唆が得られている。中脳辺縁系の報酬系とギャンブルの関係を解明する上で重要なヒントとなるのが、報酬があることを知らない方がドーパミンの強い反応を体験するという事実だ。スロットマシーンの光と音響は大当たりの驚きを強化し、予期しないドーパミンの急増によりハイな気分が増幅すると考えられている。ギャンブルをもっと一般化して、大きな報酬を得る可能性があるリスクを伴う行動として捉えれば、ギャンブルと報酬のつながりをもっと容易に理解できる。自然環境のなかで状況が不確かな場合、リスクを取ることが大きな利益につながることがある。

ここでちょっとネズミになってみよう。年中どこかのネズミ穴に身を隠していれば安全だが、そのままでは食事をしたり子孫を残したりすることはできない。安全な隠れ家を離れれば捕食者に曝されることになり生存が厳しくなるが、食糧と交配相手をみつける機会が得られる。このリスクと報酬、費用と便益のトレードオフを理解することが、動物の多くの行動形質と生活史形質の進化を解明する基礎となる。確かに、新たに登場した動物パーソナリティ研究という分野では、個体行動の一貫性を研究するが、パーソナリティ・タイプとして勇敢と臆病を重視する。そしてこれらのパーソナリティの枠組みを主に規定することになるのがリスクを冒す行動だ。ある環境のもとで、ある行動にリスクを冒すだけの価値があると判断し、リスクを引き受ければ回避する者より多くの資源と多くの子孫を獲得できるのなら、こうした行動に報酬を与えるように進化してきたことは容易に理解できる。このリスクを冒す傾向を、現代世界のスロットマシーンが発するベルやホイッスルなどの音響や照明で煽り、さらにギャンブルの機会が増加すれば、生命を脅かすリスクは冒さず報酬系に点火できることに俄然夢中になるだろう。

プロブレム・ギャンブリングをこうした進化的視点で捉えると、新たな治療への道が開かれる。そのひとつがコンパッション・フォーカスト・セラピーズ（ＣＦＴ）で依存者自身がなぜそうした状況にあるかをよく理解することにより、自らの行動を管理する新たな戦略を立てられるようになることが示唆されている。サザン・インディアナ大学のジョン・ポールソンは、二〇一八年にジャーナル・オブ・ギャンブリング・イシューズに論文「先天的リスク――ギャンブルにおける進化的研究の臨床的有用性（Hardwired for Risk: The

Clinical Utility of Exploring Evolutionary Aspects of Gambling)」を著し、その中で次のように述べている。「進化がギャンブリングに影響していることが徐々に理解され評価されるようになっていて、そのことが羞恥心を失った人々の助けとなり障害との闘いからの復帰を支援することになるよう願っている[24]」

お菓子屋のだだっ子

嗜癖の形態は様々だが、いずれにせよ進化と現代の環境との不適合による最も有害な産物のひとつである。極めて破滅的なドラッグと行動は、進化によって獲得した報酬系を乗っ取ることで、生死に関わる大きな要因となっている。しかし破滅的なドラッグ摂取や行動が生じるのは、多くの場合現代世界によってその効能が大幅に強化されていたことによる。ドラッグの効能はわかりやすいが、他の嗜癖の場合はその効能を捉えにくい。ファストフードはとても入手が簡単でしかもカロリーが高い。バーガーとフライドポテトのセットならかご一杯の根菜やベリー類と比べて確かにカロリー面での効能は高い。今では電話一本でギャンブルができ、パブやカジノ、コンピューター、そして宝くじでも気軽にギャンブルを楽しめる。また大当たりがあることと利用のしやすさから、現代のギャンブル環境はかつてないほど圧倒的に効能が増強している（生死に関わる生存上のリスクは減っているが）。総括すれば、わたしたちが構築してきた現代世界はドーパミン神経回路である報酬系の活性化を追い求める進化的傾向と相互作用し、その結果生じる不適合により、お菓子屋で子どもたちがだだをこねるように、人間を困り果てた存在にしているのである。

第九章　フェイクニュースと思い込み

「フェイクニュース」は至るところに溢れている。ドナルド・トランプのスローガンであり、ソーシャルメディアの呪いであり、気に入らない主張を一言で片付ける都合のいい言い訳にもなる。フェイクニュースとは実際には事実による根拠がないにもかかわらず真実として主張されるか、事実に基づいているにしても重大な虚偽を含んでいるあらゆるニュースのことだ。フェイクニュースはでっち上げで、上塗りが施され、誇張し、偽造し、不誠実ででたらめで、時にはあまりに明々白々で白々しいウソということもある。実に問題のあるニュースである。イギリス政府は公式文書から「フェイクニュース」を排除する時に「不明瞭で誤解を招き……［さらに］本質的な勘違いから民主的なプロセスへの内政干渉にいたるまで様々な誤った情報を混ぜ合わせることになる」と指摘している。イギリスの政府文書では誤報やデマといった言葉がよく用いられ、政治的主張や政策を押し通すためにフェイクニュースを利用する場合は、一般にプロパガンダという言葉が使われる。ドナルド・トランプが自分の気に入らないほぼすべての主張を遮るために「フェイクニュース」だと決めつけ連発したことで、間違いなくこの言葉の意味作用は弱まり、少なくともフェイクニュースという言葉とリベラルな主流メディアにより政権風刺に利用されるようになった。ワシントン・ポストのコラムニストでニューヨークタイムズの前パブリックエディター、マーガレット・サリヴァンはこの言葉には引退願うべきだと提案し次のように述べている。「最初のうちは「フェイクニュースも」デマや誤報といった言葉と同じように人を欺す情報を意味していた。それが今では人を愚弄する時に使う決まり文句になっている。気に入らないことは何でも、フェイクニュースなのだ[1]」。サリヴァンの「引退願いたい」という指摘はもっともなのだが、何らかの意味で正確さに欠けるあれやこれやの情報を一掃する場合に「フェイクニュース」という用語を都合よく利用できるようにもなった。便利なので本章ではこれからもこの用語を用いるが、その限界とともに、概念ではなくこの用語がすでにすたれつつあることは心に留めておくつもりだ。

　フェイクニュースの増殖でわかる、噛みしめたくなるほど重要な事実は、わたしたちは真実でないことをしきりに信じたがるということだ。当然わたしの議論は次のようになる。こうした見当違いの信念は、進化的遺産と、わたしたちが構築してきたメディアにどっぷりと浸かった現代世界との間の一連の不適合の表れだ。わたしの目標は、潜在的に進化した形質、あるいは少なくとも選択と進化の対象となってきた心理学的な要素（だまされやすいことなど）と、現代世界で真実を見分ける能力との間の関係を突き止めることにある。ただしこのテーマには触れることが憚《はばか》られる話題もある。というのも信念を話題にするので、宗教を議論に引っ張り出すこともできるからだ。本書で宗教を俎上に載せるつもりはないが、そう判断したことについて少しは説明しておこう。わたしは無神論者だが、一九七〇年代後半にキリスト教国と見なされている国で育ち、当然のことながら一九八〇年代前半に小学校では聖書に付き合わされた。小さい頃ノアやアダムとイブの話や、キリストが奇跡を起こしたこと、死から復活したことを聞かされて、わたしは「ウソつけ」と叫んだものだ。本当はもっと下品な表現だったが、意味としては同じだ。だいぶ後になってから聖書の文字通りの物語の背後にある意味を理解できるようにはなったが、五歳であったにしても、聖書の物語はわたしにとって絶対的に無意味だった。聖書にあるパンと魚の奇跡は小学校の先生たちのお気に入りで、その逸話をテーマにした歌をみんなで歌ったものだが、それはものを増やす魔法のことではなく、わずかなものをみんなで分かち合うことを意味していた。もちろんそれは真面目なメッセージだ。年を取るにつれ他の宗教のことも学んだが、結局わたしはどの宗教にも感動できないことがわかった。多くの人が宗教に深く感動し、宗教がいろいろな形で生活に不可欠で重要な要素になっていることは理解している。この章は、いつものように進化生物学者が登場して他でもない宗教の愚かさを攻撃するわけではない。信仰は現代的な現象ではないからだ。一方、フェイクニュースの場合はその大きな影響や効果、広がりはまさに現代世界の特徴だ。

本章での関心は、誤った情報を信じる能力が、進化によって獲得したわたしたちの認知的形質の特性と現代世界との間の不適合による産物なのかどうかにある。わたしたちの物事を信じる能力、そしてだまされやすさが、進化的過去においては利益を提供してくれたからこそ存在するなら、この能力のおかげで、わたしたちはウソの海を航海するために必要な真偽を見分ける認知的な衛星ナビゲーションを失ったまま、現代メディアの海に放り出され波にもまれていると言っても大げさではない。つまり、進化はわたしたちを無力なまま、わたしたちが自ら生み出した虚飾の海へと放り込んだのである。興味深い仮定というより恐るべき仮説だ。

フェイクニュースの歴史は古い

フェイクニュースは現代の現象のように思えるかもしれない。確かにウソの話を急速に世界規模で拡散させる能力は現代的だが、歴史を振り返れば今フェイクニュースと言っているような事例は掃いて捨てるほどある。紀元前一世紀、オクタウィアヌスはフェイクニュースのキャンペーンを張った。この場合はおそらくプロパガンダ戦争と言った方がいいのだろうが、一度限りの同盟を組み後に宿敵となったローマの政治家マルクス・アントニウスに向けたものだった。オクタウィアヌスはアントニウスを酔いどれの女たらしで女王クレオパトラの操り人形と表現し、マルクス・アントニウスの公式の遺産分割協議書であるとオクタウィアヌスが主張する文書を手に入れて、大胆な行動に出る。この文書がオクタウィアヌスが主張する通りのものだったのか、それが事実なのかウソなのか、あるいは部分的に偽造したものなのか研究者の議論は今も続いているが、いずれにせよオクタウィアヌスが元老院でこの協議書を読み上げたことが宿敵への決定的一打となった。その遺産にはローマが支配していた地中海東部の領土の多くの部分が含まれ、マルクス・アントニウスとクレオパトラの間の子どもたちに相続させることが約束されていたのである。

さらにこの協議書にはユリウス・カエサルの正統な後継者はカエサルの養子であるオクタウィアヌスではなく、カエサルとクレオパトラの息子、プトレマイオス一五世フィロパトル・フィロメトル・カエサル（カエサリオン）であると記されていた。その他にもあれやこれやのアントニウスにとっては都合の悪い内容が、もともとローマ人にあった地中海東部やクレオパトラに対する猜疑心と偏見を刺激した（確証バイアスの初期の事例で、この話題についてはまた後で議論する）。ローマの元老院はマルクス・アントニウスからローマ軍の指揮権を剝奪し、アントニウスを反逆者として見限った。その後は勝者が記載した歴史によってよく知られているが、ローマが宣戦布告した相手はマルクス・アントニウスではなくクレオパトラだった。[2]

印刷機の発明によってかつてより文書が圧倒的に多くの読者に圧倒的な速さで届くようになると、事実が記載されているとされる印刷物が長い間フェイクニュースの出所となった。こうした文書は魔女や海の怪物の存在から、一七五五年のリスボン地震は罪人への天罰といった凝った主張まで幅広い。リスボン地震の噂話はポルトガルが発祥で、この話がきっかけとなりヘラソイス・ジュ・スセソス（relações de sucessos 出来事の報告）というまったく新しいジャンルのフェイクニュース冊子が生まれ、地震の生存者を聖母マリアの顕現だと主張しはじめた。[3] もうひとつの技術的進歩であるインターネットは、フェイクニュースにさらに巨大なプラットフォームを提供し、そのウソはデイリー・スポーツやザ・ナショナル・エンクワイアラーが読者に届けていた「第二次世界大戦の爆撃機、月面で発見」といったタブロイド紙のばかげた記事を遥かに超えている。「エイリアンの聖書、発見！オプラ信仰が判明！」「サダムとオサマ、髭を剃ったサルの赤ちゃんを養子に」（どちらもほとんどが作り話のタブロイド紙ウィークリー・ワールド・ニューズの傑作記事だが、今ではオンライン購読のみ）、あるいは「月面でエルヴィス像を発見」（超自然的な月の物体に取り憑かれたデイリー・スポーツの十八番のひとつ）といった記事を読んで「フェイクだ」と叫ばないのは、ひとりの人間として問題かもしれない。しかし現代世界でのフェイクニュース問題は、もはや個人の問題では収まらなくなっている。フェイクニュースを拡散させてメディアを操作すれば、政治問題となり社会的レベルさらに国家レベル、国際的なレベルでの問題となる。ウソの情報を積極的に拡散することで選挙と国民投票を思い通りに誘導できることが明白になったことで（「みんなでEU離脱《ブレグジット》・バスに乗ろう」）、厳しい真実と向き合わざるを得なくなった。それはわたしたちが事実と作り話を区別するのが苦手だということで、これは大きな問題だ。

信じやすくなるように進化したのだろうか

フェイクニュースを信じることは、だまされやすいことを意味し、だまされやすいことは一般的に否定的な特徴と考えられている。しかし、だまされやすいということは基本的には信用することだ。だまされやすい人は人が真実を語っていると信用するわけで、逆に他人を信用できなくなれば世の中は絶望的なものになるだろう。そんなことはないと言うなら、ちょっと信用や信頼なしで生きることを想像してみよう。わたしは自宅で座りながらラップトップ型パソコンで本書の原稿を打ち込んでいるところだ。わたしの家を建てた大工は施工の過程を理解していただろうし、家は倒壊しないものとそれとなく信用している。またラップトップの製造企業についても信頼しているから、ラップトップを電源に差し込んだまま文字通りわたしの膝の上に載せて使っている。配線がショートすればめっぽうやっかいなことになるが、プラグや電源ケーブル、ラップトップ本体にある安全表示を信用している。妻が階下に降りてきて、包丁に手を伸ばしてわたしを殺すようなことはないとも信じている。わたしたちには暴力をふるう能力と傾向があるにもかかわらず（第七章参照）、わたしは、来る日も来る日も、通りすがりの人に殺されることはないと信じている。運転する時にはいつでも、対向車線を走る何百あるいは何千ものドライバーが白線を越えてわたしの車に正面衝突してくることはないと信じている。ブレーキを取り付けた自動車工が故意に、あるいはたまたまいい加減な作業をするようなことはないと信用している。包装済みサンドイッチ弁当を製造している工場は食品衛生法に従っていて、食中毒にかかることはないと信用している。子どもたちに接種するように言い含めたワクチンは正真正銘のワクチンで、政府が後押しするマインドコントロール血清ではないものと信用している。たまに裏切られることはあるが、子どもたちは親の目はなくても二階で家をめちゃくちゃに破壊することなく、子ども同士で傷つけ合うこともなく、仲良く遊べるものと信用している。社会に信用が必要なことのもっと説得力のある証拠が欲しいなら、財布からお金を引っ張り出してみればいい。役立たずの金属や紙でできた薄汚れたお金でも、また現代のお札が何でできていようと、お金は信用の証だ。このつまらないお金を誰かが商品やサービスと交換してくれることを信用し、交換してくれた人が今度はそのつまらないお札を銀行が預かり、払い戻しもしてくれると信用する。信用がなければ銀行も成り立たないわけで、確かに信託という基本的な金融商品もある。信用とは信頼や真実あるいは誰かの能力や何かの能力を固く信じることで、社会に普遍的に存在する必要不可欠なもので、これから見るようにこの信用や信頼もまた進化の産物なのである。

日常生活に必要な信用と、フェイクニュースを信じるように誘導するだまされやすさ、あるいは信じやすさとは紙一重だ。わたしたちが信頼や信用を重視し、特に他人を信用することについては、心理学者や生物学者も大きな関心をよせてきた。信用の意味合い、信用のレベルそして信用の操作は社会心理学研究の対象となっていて、これらの研究から信用に対する生物学的レベルでの魅力的な見方がいくつか明らかにされているところだ。なかでも二〇〇五年にネイチャーに発表された特に興味深い研究では、オキシトシンを与えた場合の信用への影響が報告された。オキシトシンは一種のホルモンであり神経ペプチドでもある。神経ペプチドというのはニューロン同士が連絡を取るために用いている物質だ。オキシトシンは第六章で社会的絆の役割について検討した時にも出てきた。オキシトシンの分泌レベルはうわさ話をしている人たちの間で増加しお互いの絆も深まっていたが、どうやらこのオキシトシンの分泌が信用を構築するための重要な手段となっているらしい。またオキシトシンはあらゆる社会的絆の中で最も基本的である母と幼児の絆に関わっているとも考えられている。[4] 脳内のオキシトシン受容体の位置を突き止めることで、オキシトシンの機能に関する多くの知識が得られるようになっていて、それによって信用を育む役割にも関心が向くようになっている。人間以外の哺乳類の研究から、オキシトシン受容体は、つがいの絆や母性、性行動、社会的愛着に関係する脳領域にあることがわかった。この受容体の脳内における位置が意味するのは、オキシトシンによって動物は普通なら身体的接近を避けている状況を脱して、いわゆる「接近行動」が可能になるということだ。二〇〇五年のネイチャー論文の著者らはさらにもう一歩進んで、オキシトシンが人間の「向社会的行動」、中でも信用の促進に関わっている可能性を指摘した。[5]

　信用を生みだし維持するためにオキシトシンが果たしている役割を調べるため、この研究の実験者らは金融投資をもとにしたゲームを設計した。ふたり一組の被験者がゲームで投資家か受託者の役割をする。ゲームではお金としてＭＵという貨幣単位を使うが、ゲームが終わると実際のお金と交換するので（一ＭＵが〇・四スイスフランというかなりいいレート）、ゲームに勝つことに現実世界のインセンティヴも働いた。どちらも手持ちのお金は一二ＭＵで、ゲームを始めるためにまず投資家が受託者にお金をいくら送金するかを決める。ここが面白いところなのだが、実験者はこの送金額を三倍にして受託者に知らせる。それでたとえば投資家が全賭けに出て一二ＭＵを受託者に送金するとしよう。受託者の口座には四八ＭＵ入っていることが知らされる（もともとの一二ＭＵに投資家からの送金が三倍になって加わる）。こんどは受託者の方が投資家にいくら払い戻すかを決める。払い戻しは三倍にはならないが、〇ＭＵ（投資家にとっては丸損）から全額（四八ＭＵで受託者にとって利益がない）の間で決めることができる。受託者は投資家の信用を受け止め、両プレーヤーがともに裕福になるように利益を分け合うこともできるし、受託者が投資家の信用に反して利益を着服すれば、投資家の一二ＭＵを払い戻す必要さえない。

ずいぶん素っ気ない実験設定だが、この信用ゲームには本当のお金が手に入るという期待感や（科学的実験ではめったにない景品だ）、信用できない場合の危険性、そして半数のプレーヤーにはオキシトシン入りのスプレー点鼻薬を噴霧することで、興味深い実験になった。残りの半分のプレーヤーにはオキシトシンの入っていないプラセボの点鼻薬を噴霧する。オキシトシンが信用を高めるという仮説から、非常に簡単な予測がいくつかでてくる。第一の予測は、オキシトシンを三回鼻に噴霧された投資家はプラセボを吸引した投資家より他人を信用しやすくなるはずだ（一二ＭＵ以上を投資する）。一方、オキシトシンが信用しやすさに影響しなければ、オキシトシン噴霧グループとプラセボ噴霧グループの間に初期投資の違いはないはずだ。実際、ネイチャー論文の研究者らは、オキシトシンを吸引した投資家二九人中一三人（四五パーセント）が最大限の信用を示し（全賭けに出て一二MUを投資)、それに対してプラセボ噴霧グループはわずかに二九人中六人(二一パーセント)であることがわかった。低水準の信用は、八MU以下の送金と定義されていて、プラセボ噴霧グループではこの値は比較的一般的な送金額で、送金の四五パーセントが低水準だが、オキシトシン噴霧グループで低水準の信用の範疇に入るのはまれで、わずか二一パーセントに過ぎなかった。平均すると、オキシトシン吸引者は全体的に送金が一七パーセント多く、中央値(送金額をすべて順に並べて中央に位置する送金額)は一〇MU。一方、プラセボ吸引グループの中央値は八MUだった。興味深いのは、プラセボ吸引グループでも非常に信用しやすい人がいることで、手持ちの三分の二を送金する者もいた。この事例は人がどうして一攫千金狙いのわなにはまるかについて考えるヒントになるかもしれない。

こうした解釈には全体的に少しやっかいな問題がある。オキシトシン投与の結果を信用の増加ではなく、リスクの高い行為の閾値《しきいち》つまりハードルが下がると解釈することもできるのだ。つまりオキシトシンによって一攫千金ねらいの可能性が増えるその理由は、そうしたくなるからだというのだ。この可能性を探るため、研究者らはまったく同じ基礎実験を実行した。ただし最初の実験のように受託者を演じる人物がいて払い戻しを決めるのではなく、払い戻しは最初の実験で観察された払い戻しにもとづいてランダムに決定するようにした。従って平均すると投資家にとってリスクに変化はないが、受託者との社会的相互作用はなく、人間相互の信用も必要なくなった。この実験では、オキシトシン吸引グループとプラセボ吸引グループの間に差異はみられず、両グループとも最初の実験でプラセボ吸引グループが見せたのと同じ行動をとった。人間相互の信用が必要だった最初の実験のオキシトシン吸引グループだけが多少なりとも異なっていて、他と比べてこのグループだけが人を信用しやすくなっていたのである。

オキシトシンと信用の間の明確な関連性が初めて明らかにされた時は、おそらく物議を醸したたろう。それでオキシトシンは「信用分子」とも呼ばれ、同じ手法を用いた追跡調査もいくつか実施された。問題が出てきたのはこの時だった。いくつかの追跡調査では似たようなゲームを使ってもオキシトシン吸引による信用への影響を再現できず、アンケート調査を利用したその他の研究でも再現できなかったのである。オキシトシンと信用の関連性に関する二〇一五年の主要なレビュー論文では三つの証拠が検討された。信用の実験と、個々のオキシトシン血中濃度とその人の信用レベル、そして信用と関連しそうなオキシトシン受容体遺伝子における遺伝的差異についてである。ここまで思い通りの展開に悦に入っていたわたしたちにとってその結果は残念なものだった。この論文は「重複証拠では、人間の信用が確かにOT（オキシトシン）と関係がある（あるいはOTによって生じる）とする確固たる収束的証拠にはならない」と結論づけたのである。[6]

明快なストーリーになるはずだったが、かなり複雑になってしまった。最近の研究では、オキシトシンが信用を生む上で役割を果たしているらしいことが示されつつあるが、その役割というのがまた複雑で、文脈依存的でしかも学習と関係している可能性が高いのである。実験では参加した男性被験者の脳をfMRI（機能的磁気共鳴画像法）でスキャンした。fMRIでは脳の活動を測定し、映像化でき、任意の時間に脳のどの部分が活性化しているかがわかる。[7]このスキャンでは、オキシトシンは信用に結びつく一般的な感情的寛容さを促すのではなく、実際には第八章で嗜癖を議論していた時に出会った脳内の様々な報酬回路の間の連絡を抑制することで、フィードバック学習を弱めているようなのだ。つまりオキシトシンの影響下では学習低下の結果として、難しい判断をするのではなく、基本的な信念に従うようになるというわけだ。この論文の著者らが結論づけたように、オキシトシンは「脳の報酬予測誤差［「予測された報酬」と「実際の報酬」の差の記憶過程］を変化させ、既存の信念を調整する能力を」変化させると結論づけた。これによって新しい社会的状況に対する生得的なバイアス（肯定的にせよ否定的にせよ）が優位になり、他者を信頼する行動が促進されるのである。

初期の研究と同じようにまだ問題はあるにせよ、信用には脳の生化学的基盤があることは明らかだ。信用という複雑な概念から予想できるように、その生化学的基盤も同じように複雑で、学習と報酬回路など脳の多くの機能と関係する。信用の進化も複雑だろうが、それでも信用する能力もまた進化的特徴であることは、ある程度の確信をもって言える。二〇〇八年に発表された研究では、信用ゲームで一卵性双生児と非一卵性双生児の成績を測定していて、その結果は「人間に与えられた遺伝的多様性によって信用や信頼性の違いを部分的に説明できる」ことを強く示唆するものだった。疑い深ければ非協力的で、信用は協力的行動だと見ることもでき、双子研究の著者らは、信用レベルにおける遺伝子の多様性が存在することは、人間に協力的な行動と非協力的な行動が共存しているとする見方を裏付けていると暫定的に結論づけた。信用する行動の選択圧は、協力と協働という個人同士がお互いを信頼しなければならない高度に社会的な行動から得られる利益に基づいている可能性が高い。一方、信用しないことで個人的に利益を得ることもある。信用は報酬回路と学習に結びついていて、一般的に文脈依存的（普遍的な「信用レベル」が単純に存在するのではなく、状況との相互作用そして個人同士の相互作用によって信用は変化するということ）であることから、わたしたちがソーシャル・ネットワーク（第六章）を発展させてきたことも密接に絡み合った複雑な進化史の存在が示唆される。実際に信用が進化したことによって、わたしたちの祖先は社会的相互作用を洗練させ、大きい集団になることで得られる力をフルに活用できるようになったのではないだろうか。単純な例だが、自分のすぐ脇に立って鋭い槍をもつ他人を信用できなければ、集団で大型動物の狩りをするなど想像もできないだろう。

わたしがここで仮説的に信用の選択と進化について語っている時、身振り手振りを交えながらなぜなぜ話の領域に迷い込んでいる可能性があることは十分に承知している。信用が潜在的な生化学的特質をもつこと、双子の研究が遺伝性を明らかにしたこと、そしてわたしたちの生活の非常に多くの面で信用が重要であることから、確かに進化的歴史の存在が裏付けられているが、理論的アプローチによってさらなる裏付けを得ることができる。信用と協力はゲーム理論というモデリングアプローチを用いて研究されてきた。ゲーム理論は個人間の相互作用を考慮することができ、社会的行動と進化のさらに複雑な側面を理解する上で強力で有益なアプローチであることが知られている。[8] ゲーム理論の研究から生まれたモデルによって、信用と信頼性は進化すること、そして現実世界の要因によって人間で見られるような信用の多様性が生じることが明らかになった。わたしたちは人間が信用することの起源について学び始めてきたばかりだが、チンパンジーでの最近の研究からは、人間以外の霊長類や他の社会的動物との比較によって重要な洞察が得られることが示唆されている。そうした研究のひとつでは、人間の信用ゲームの改良版をチンパンジーにやらせると、友達でないチンパンジーよりも友達のチンパンジー（友達かどうかはチンパンジーを観察し、どのチンパンジーとどのチンパンジーが一緒に過ごしていることが多いかを調べて判断した）を信頼することがわかった。[9] 総括すれば、信用は複雑ではあるが、人間が進化させてきた形質特性であると確かな根拠にもとづいて言えると、わたしは考えている。

見当違いの信用

フェイクニュースを信じてしまうのは、信用する相手を間違えてしまう例のひとつだ。インターネットが登場するまで、さらに言うならソーシャルメディアなどのプラットフォームが現れニュースの拡散を支配するようになるまで、わたしたちは広範な世界に関する情報の大部分を新聞やテレビとラジオによるわずかなニュースから得ていた。また関心のある情報を読んだり見たりした友人（信頼できる情報源）から直接情報を得ることもあっただろう。ＢＢＣのような組織は信頼されていて、そこから伝えられる情報も真実を伝えていると考えられていた。多くの新聞に支持政党があることははっきりしていたが、新聞が読者に積極的にウソをつくことはまず考えられなかった。しかしもっと重要なのは、ニュースを知る方法が限られていて慎ましかったことだ。テレビの前に座ってニュースを見るのが行事のようなものだった。今は違う。インターネットが従来の紙の新聞の経済的安定性を危うくしたかもしれないが、目が回るほど豪華なオンラインのニュース・チャンネルを生み出した。一方ケーブルテレビや、自由化と幅広い広告を受け入れることによってテレビでのニュース報道も増加し、たいてい陰気そうなスーツを着た男性が読み上げる定時の短いニュースもあれば、けばけばしい妖しい美人が複数のチャンネルで二四時間毎日ひっきりなしに流すニュースもある。ソーシャルメディア配信にはオンラインニュースと時事問題ビデオへのリンクがぎっしり詰まっている。手短に言うと、わたしたちは、あらゆる方向から押し寄せる複雑で大量の情報の流れに曝されているのである。順不同で列挙すると、国営テレビ、オンラインニュース・チャンネル、古いチャンネル、新しいチャンネル、風刺ニュース、解説、レビュー、最新ニュース、生中継ニュース、再現ニュース、深掘分析、表層分析、ゼロ分析、埋め草ニュース、記事広告、社説、陰謀もの、ビデオ、テキスト、漫画、インフォグラフィック、双方向コミュニケーションなどだ。第八章のドラッグとアルコールでも見たように、やはり現代世界は効能と利用可能性が極度に高められた世界なのである。

自分で読んだことやニュースキャスターのようにそれらしく見える人に教えられたことを何でも単純に信用することは、だまされやすさの定義に当てはまる。だまされやすいこと、与えられた情報を信用し過ぎることは、子どもによくある特徴でもある。三歳の子どもにサンタクロースや、歯が抜けるとお金を置いていってくれるトゥース・フェアリーの話をすると、目を見開いてこちらを見つめるのは、親と子の間に信頼できる絆があるからで、子どもたちは親を信頼しているのだ。こうした行動は進化的成功につながる。なぜなら親が言うことの正反対の行動を取る子どもが、大人になるまで生存する可能性は非常に小さくなるからだ。子どもには非常に短い間に学ばなければならないことが実にたくさんあり、言われたことを信じること、だまされやすいことが時間を節約する有効な手段になっている。しかし親の言うことを信じることは最初のうちは有効な生存戦略かもしれないが、時期が来ればある程度の批判性が必要になる。なぜなら、だまされやすいままではそれ以上成長できないからだ。子どもと正しい情報及び誤った情報との関係の研究から、年齢とともに急速にだまされにくくなり、批判的で思慮深くなることについて、興味深い洞察が得られ、さらにわたしたちがなぜフェイクニュースにだまされるのかを解明するためのヒントも得られる。

　子どもにも人から教えられた情報の正確さを評価する方法がいくつかある。ひとつは、同じ人から以前教えられた情報の正確さを評価することだ。誰かが以前に正確で正しいことを言っていたなら、その人が今回も正しいことを言っていると想定する根拠になるだろう。子どもに関する多くの研究から、子どもたちは以前に不正確な情報をもらった人よりも、正確な情報を与えてくれた人から好んで学ぶことが明らかになっている。[10] このことはもちろん大人にも言える。誰かあるいは何らかの組織、たとえばテレビニュースの放送局がこれまで正確に報道していたとすれば、現在の報道内容について疑う理由があるだろうか。

　特にテレビニュースでは、強力な「ハロー効果」も作用するだろう。ハロー効果というのは、ある分野での印象がまったく別の分野の見解に肯定的な影響を与える傾向のことだ。わたしたちは特定の形質特性をひとまとめに詰め込む傾向がある。たとえば、魅力的に見える人は知性[11]、利他的精神、そして重要な信頼性という社会的に好ましい形質も持ち合わせていると判断する。研究結果からも繰り返し示されているが、わたしたちは魅力的な人は良い人で、一流の安定した職業を持ち幸せな生活を送っていると先入観をもって考えがちなのである。ハロー効果特有の認知バイアスは一見、いや改めて見直してみても不合理に思える。人の顔を見ただけでどうしてそれまで見たこともなかったその人の性質について判断できるのだろうか。ここでもまた進化的遺産がその答えを出してくれる。

多くの動物は一方の性、たいていはオスだが、選り好みをする相手、普通はメスの気を引こうと競い合う。たいてい競い合うのがオスで選ぶのがメスである理由は、メスは自分の生殖細胞（卵）の生産に大きな投資をするのに対し、オスの方は精子に大した投資はしないことと関係している。さらにメスはオスより子どもの面倒をよく見るので、この投資の差はいっそう大きくなる。メスが担う子どもの世話はまさに生命のスタート時点から始まっていて、卵に栄養豊富な卵黄を提供したり（たとえば鳥類や爬虫類、両生類、魚類）、自らの体内で子どもを育てたりしている（哺乳類の場合）。こうしてメス側には大きな投資と子どもの世話があるため、オスの方はほぼ常に夥《おびただ》しい数の精子を喜んで提供できるよう準備万端整っていても、メスの方はそんなオスを常に受け入れられる状態にあるわけではない。卵の生産には時間がかかり、妊娠していたり、卵を抱いていたり、授乳期の場合もあるからだ。従ってオス、メスが同じ割合で存在する個体群では、オスとメスの投資に対する非対称性から、繁殖のためにオスを受け入れられるメスの数に対して、メスにとって利用可能なオスが多くなる。いわゆる実効性比の不均衡によってオスが多過ぎることになり、メスは選り好みできるようになる。すぐれた遺伝子をもつ健康でベストなオスを手に入れたメスは、選り好みをしない個体と比べると、健康で生殖能力の高い子孫を数多く残すことになり、その意味で成功する。一方、タツノオトシゴやヨウジウオの場合はオスが腹部の開口部から育児嚢《のう》に卵を入れて保護し安全にふ化させるが、このようにオスが大きな投資をする種の場合、不足するのはオスの方になる。こうした性的役割の逆転が見られる数少ない種では、メスがオスをめぐって競い合う。この競い合いと選り好みの過程で性選択が起き、他のオスとの競い合いに有利になるように、一方の性であるオスが武装し装飾的になったり（シカの枝角やウシやヒツジの洞角、力強さ）、あるいはメスに魅力的に見られるように（クジャクの尾、鮮やかな色彩、鶏冠）したり、あるいはその両方を取り入れたりしている。

ハロー効果と関連する可能性のある性選択のひとつの側面が、「非対称性の揺らぎ」として知られるようになった概念だ。わたしたちのように身体的に対称的な動物では、眉間から鼠径部をつなぐ対称軸を中心にして身体の左右が少なくとも外見的にはほぼ同じだ。研究から、顔の対称性が高いほど魅力的と判断され、これがフェイスブックに出没する情欲をそそるクリック誘導の基本原理にもなっている。しかしわたしたちは完璧に左右対称というわけではなく、成長の間に様々な遺伝子と環境の圧力が作用して理想の対称性に偏りが潜り込んでくる。従って対称性は発達上の安定性を意味し、遺伝子の全体的形質を反映している可能性があり、優れた個体の方が対称性が高いのかもしれない。昆虫や鳥類そして哺乳類も含めた動物の研究では、形質の対称性（ここでは身体の右側を左側と比較した対称性）が、交尾成功度と相関していることが示され、対称性の高いオスがメスに選択されやすいことがわかっている。人間の研究によると、対称性の高い顔は単に魅力的な特徴というだけではないようだ。顔面の非対称性と知的障害や外向性（人付き合いがうまく社交的なこと）の弱さ、そして加齢に伴う知的障害とを結びつける研究がある。ある研究では刑事犯がそうでない人よりも顔面の対称性が低いことまで示唆している。[12] さらに深く掘り下げて、顔面の対称性の低さと寄生虫に対する脆弱性、低免疫力との関連性を見いだした研究もある。またメンタルヘルスとの相関性も見いだされていて、ある研究では男性における重いうつ病とも関連づけられている。いくつかの研究では低い対称性と統合失調症とが関連づけられた。しかし、このような研究がしばしば社会的にも科学的にも論争を呼ぶのは当然だ。この分野の最近のレビュー論文によると、たとえば統合失調症との関連性は再現可能で堅固だと結論しているが、別の論文では特徴を測定し関連する細かな違いを識別する時に「常にベストプラクティスに従っていたわけではない」とされた。[13]

しかし証拠を天秤にかけて言えることは、対称的な顔面の方が魅力的だと判断され、顔面の対称性は配偶者の質に関係する多くの基本的形質を暗示している可能性があるということだ。優れたパートナーの選択は人間にとっても重要な決定であり、進化のレンズを通してみればハロー効果もそれほど不合理だとは言えない。だから次に魅力的で身なりのきちんとしたニュースキャスターを見たら、自分の認知バイアスには注意することだ。ハロー効果によってそうしたキャスターなら信用できると思うようになり、彼らが言うことを何でも信じるようになってしまうからだ。

ハロー効果はコーポレートブランドなどの非生物にも適用でき、アップルやマクドナルドなどの企業はこの効果を十分に知り尽くしている。同じことはニュース報道でも言えるだろう。一般的に事実に基づく良質で正確な情報を放送するニュース番組は、情報を視覚化するインフォグラフィックスやスタジオ外放送、スタジオ内の専門家など現代的なニュース報道の形式で用いられるあらゆる小道具で見栄え良くされていて、実は似たような放送に対するハロー効果を生み出している。たとえその情報が不正確であっても、企業印象によるハロー効果はわたしたちを疑似餌のように誘い込み、個人の印象によるハロー効果によってニュースキャスターを信用したくなるのである。

わたしたちは権威を信用する

フェイクニュースを信用することは信用する相手を間違えることという見方は、医師や科学者、政治家など権威ある人物と信用の関係を調べてみればいっそう説得力が高まる。わたしたちが権威ある人物に従う傾向については、有名なミルグラム実験を参照することで説明されることが多い。一九六〇年代の実験で、スタンレー・ミルグラムは被験者に対して「権威ある人物」（実は実験者）の指示通りに、別の被験者（実は俳優）に致死的ともなりうる電気ショックを与えるように指示した。この実験に対するミルグラム自身による解釈が批判され、権威ある人物への「盲従」から「献身的信奉」（engaged followership）へと解釈の枠組みが変更された。つまり指導者の大義と自身を一体化することで、他人を傷つける行動であっても高潔であると信じるようになると再解釈されたのである。[14] しかし最近の研究でミルグラム実験の解釈はさらに改められ、実際には被験者が自身の行動を正当化したのは高潔さの感覚によるのではなく、被験者が実際には実験で誰も傷つけることはないとうすうす気付いていたためであることが示唆された。[15] その他にも「権威の原理」として知られる行動を説明するために緻密な研究が実施されたが、結果はどれも同じだ。わたしたちには権威があると見なした人物を信用する傾向があるのである。

ここで再びハロー効果が頭をもたげる。わたしたちは権威ある人物の意見を、その人物の専門外の問題であっても、自分自身の意見より信頼できると見なす傾向があるのだ。こうした実験における正統な権威ある人物とは医師や弁護士、科学者あるいは警官だが、責任ある立場や専門家と見なせる人物への暗黙の信用は、俳優など有名人への信用へと非常に容易にすり替わり、ニュースキャスターやメディア解説者などメディアを通して情報を伝える人も信用するようになる。

ウソをつくなら自信をもって

伝えられていることが真実かどうかを決定するのに利用できるもうひとつの情報源が自信の有無だ。子どもの研究から、わたしたちは自信を測る技能を早くから発達させることがわかっている。三、四歳児は憶測と確信の違いに気付いていて、はっきりしない言い方をする人より確信をもって教えてくれる人の情報を信用する傾向が強い。そして実際に人の自信を見極め知識と結びつける能力は、子どもたちが言語能力を獲得する以前、人生のかなり早い段階で見られるようになる。二歳児はすでに自信の非言語的な気配に気付き、敏感に反応することが明らかにされている。幼児は自信のある身振りを見せる人の動きを真似る傾向が強いのである。興味深いのは、子どもが四歳になるとこうした自信に正確さを組み合わせて判断するようになる。子どもたちは自信をもった人の情報を信じるが、その情報が不正確であることがわかると、自信がなさそうに見えても以前に正確な情報を提供してくれた人を信頼するようになるのである。

進化的不適合

見えてきたのは、現代世界にフェイクニュースが定着するのに絶好な知的条件を進化させてきたということだ。第一に社会的種として人間は信用を進化させたため、ウソだという証拠がない限りたいてい物事を信用する傾向がある。確かに信用ゲームではほとんどの投資家が所持金の三分の二を喜んで手放していた。第二に、人生の初期段階では本質的に無力である生物なので、言葉を身につける前から神経システムによって周りにいる人が誠実かどうかを判断する神経メカニズムが準備されている。この生得的な神経メカニズムは経験を通して次第に洗練され、自信たっぷりに情報を提供する人を信じるようになる。ハロー効果はおそらく配偶者選択と関連する本質的な選択的利益に基づいているのだろうが、極端に自信があるように見せる傾向のある特定の個人や企業に幻惑される原因となる。また以前に正確な情報を提供してくれた情報源を信じるという生得的で極めて実用性の高い傾向も持ち合わせている。こうした要素が組み合わさった上に、以前に信用した魅力的で自信たっぷりの情報源から大量の情報が注ぎ込まれれば、ウソ情報にだまされるのは無理もないだろう。政治的動機から故意にだますことも含めると、わたしたちは遊戯マットにいる二歳児のようなもので、一番自信に満ちた身振りの大人に喜んで従うのである。これがここまでのとりあえずの結論だが、さらにフェイクニュースの問題で重要な役割を果たす新たな進化的遺産が登場する。

「帰属」の重要性

わたしたちの認知バイアスは、自信たっぷりな人や過去に正確だったこと、そしてハロー効果によって魅力的に見える方に偏りがちで、そのことがフェイクニュースを信じる進化的素質にも大きく関係しているが、それは全体像の一部に過ぎない。フェイクニュースやおそらくその他のおよそ信じがたい情報源でも信じてしまう強力な要素が他にも存在するのである。それが集団のアイデンティティと「確証バイアス」だ。一九七〇年代と一九八〇年代に、集団間の行動の理解に関心を持っていた社会心理学者によって社会的アイデンティティ理論が発展した。この理論は大きな話題となり、多くの論文や記事、書籍のテーマとなったが、やはり異論もあった。それでも理論の中核となる単純な仮説は、時間と厳しい論争の検証に耐え生き残ってきた。人間はしばしば妥協し、個人同士、集団間の相互作用を調整する行動を取るという仮説だ。

わたしたちは個人として、そして様々な集団のメンバーとしてのアイデンティティを持っている。その集団は親しい家族の場合もあるだろうし、拡大家族や学校、大学、サッカーチーム、政党、宗教、国家などの場合もあるだろう。その集団に帰属し、その集団のひとりというアイデンティティを持つことで内集団の一員となり、「内集団バイアス」を示しやすくなる。このバイアスは、集団内の仲間に対して好意的な扱いをし、外集団には厳しい扱いをすることを意味する。社会的アイデンティティ理論で重要なのは、内集団のメンバーが外集団の否定的側面を探しだし、内集団の自尊感情を高めることだ。

社会的アイデンティティ理論は「部族主義」という言葉でまとめられることもある。こう言い換えることで問題が単純化され、無用のあるいは侮辱と言ってもいい含意がもちこまれることにはなるが、社会心理学においてその重要性が立証された概念を簡略に表現する便利な用語だ。どんな集団に帰属しようとその集団の結束を強める行動を強力に肯定する素質を進化させてきた理由は容易に理解できる。社会的種としてわたしたちは想像以上に個人間の相互作用に依存し、確かに進化史上では時折集団間の紛争が実質的かつ重要な選択圧となっていた。集団アイデンティティとその集団のメンバー内で強化された信用は、集団の繁栄と、それによる個人の成功にとって重要な要素となってきただろう。では集団アイデンティティとフェイクニュースはどのようにして折り合いがよくなるのだろうか。同じ集団のメンバーとわかれば贔屓する傾向が大きくなり、自分が所属する集団と他の集団に関する自らの先入観に適合する情報を好むという偏見を持つようになる。こうした偏見は、情報が自分の集団（内集団）に肯定的で、外集団に否定的な場合、特に強力な認知バイアスとなるだろう。こうして自分の考えに合った情報だけを取り入れる傾向が確証バイアスで、フェイクニュースに伴うもうひとつの大きな問題の根幹となっている。

重要な課題に関係するウソを意図的に宣伝するとき、フェイクニュースが餌食にするのが確証バイアスだ。確証バイアスは深刻な問題で、情報の検索の仕方や受け取る情報の解釈の仕方にも影響し、後に情報の証拠を確認する際にも影響する。考え方にバイアスがかることは現代的な現象ではない。ダンテ・アリギエーリは一四世紀前半に『神曲』でこのバイアスに素晴らしい定義を与えていて、天国でトマス・アクイナスと会う場面で次のように述べる。「軽率な意見はしばしば悪い方に傾きがちで、自らの意見への愛着が精神を縛り閉じ込める」。わたしたちの思考とバイアスの基盤となる神経メカニズムについて正確に理解することは現代生物学で進行中の大きな課題のひとつだが、確証バイアスの進化的な、従って遺伝的な基礎を裏付ける妥当なシナリオを構成するのはそれほど難しくない。集団の帰属関係を強化し社会的アイデンティティと結束を高めることになるため、その費用が便益を上まわらない限り、バイアスのかかった思考過程は選択に極めて優位になるだろう。思考過程には時間がかかるので、手っ取り早い方法で脳の情報処理を高速化できるなら、ここでも費用が便益を上まわらない限りにおいて、そうした方法が支持されることになるだろう。情報処理を高速化するために経験によって培った常識を利用する手段を「発見的手法（ヒューリスティクス）」と言う。一説によれば、わたしたちは問題の絶対的真理にはそれほど関心はなく、むしろ最も代償の大きい失敗を避けようとするらしい。友人ならたいていそうだが、互いに信頼し合っているとしよう。ところが突然一方の友人が他方を不誠実か信用できないと思うようになったとする。疑惑を持った方の友人にはひとつの選択がある。相手の友人の人間性を問題視し友人関係を悪化させるか（大きな代償になるかもしれない）、友人の誠実さを確認できる証拠を探すかだ。現状のままにしておいてもそれほど大きな代償を生まないのであれば（そして友人がめったに立ち寄ることもないなら）、友人としての絆を破棄するより代償は小さいだろうから、真実でないことを受け入れるバイアスがかかっている方が合理的でもあるだろう。

ソーシャルメディアの配信におけるフェイクニュースの受容と拡散においても確証バイアスと集団アイデンティティが大きく影響していることはよくわかる。気候変動の問題がいい例だ。気候変動が生じていることと、それが人為的起源であることについては圧倒的な証拠が存在する。地球の気候が温暖化しつつあることについては、積極的に論文を発表している気候科学者の九七パーセント以上が事実として受け止めている。こうしたコンセンサスと裏付けとなる多様な証拠の重みと説得力にもかかわらず、気候変動懐疑論者は依然として多い。気候変動は起きていないことを明らかにすると主張する投稿が現れたり、アメリカ合衆国大統領が中国がしでかしたでっち上げだと言い出せば、手ぐすね引いていた気候変動懐疑論者にとってはそのバイアスが確証されるのだから、このニュースを喜んで投稿することは間違いない。こうした投稿に付くコメントを読むことで、わたしもよくやるのだが、これらの論争における内集団・外集団の特徴を確認することになり、論争は彼ら対わたしたちのせめぎ合いとして展開することになる。よくあることだが、こうした投稿のスレッドは集団同士の溝をさらに広げるだけで、それぞれの信念を固守し、フェイクニュースをもっと積極的に共有することになる。さらに内集団の議論を熱烈に支持しようとして、その見解を確証できる証拠だけを探し出そうとする。こうしたスレッド内の友人間のコメントを見ていると、もっと都合のいい確証的なニュースばかりが共有されている秘密の私的なグループに誘導していることもある。このような排他的な「エコーチェンバー現象」を介してバイアスのかかった配信がさらに増強されることになる。こうした行動は、おそらく信用と集団アイデンティティを強化する方向に進化してきたわたしたちの傾向性に由来し、また普通は少なくとも無駄に考えないという意味で有益で便利なヒューリスティクスから生じる認知バイアスにも由来するのだろう。

わたしたちのデマ情報にのめり込む能力は今に始まったものではないが、現代世界は効能と利用可能性が増強したことにより、人類が進化させてきた脆弱性が悪用される機会と頻繁に遭遇するようになった。わたしたちはこれから批判性を高める方向へ進化することはないとしても、学習によって順応できる。読んだことすべてが真実ではないことを数多く知り、フェイクニュースの問題に曝される機会が増えれば、おそらく将来は、もっと目の肥えた情報の消費者になれると楽観していいのかもしれない。特にインターネットやソーシャルメディア、そして最近のフェイクニュースもまだ存在していなかった世界については記憶も経験もない「デジタル・ネイティブ」として成長してきた人たちには、そうなることが期待できるのではないだろうか。デマ情報を信じる理由のさらに深い理解は、おそらくわたしたちが社会的生活を円滑にするために進化させてきた認知メカニズムの理解の上に築かれることになるだろうが、現代のデジタル時代を生きていくために、将来極めて重要知識となるだろう。しかし将来とはいったいいつのことなのか、そして自らが目的不適合だということにようやく気付いてきた直立類人猿にとって、その理由がわかったところで意味があるのだろうか。こうした問いに最終章で答えてみようと思う。

第十章　未来

わたしたちの進化的遺産は、系統発生史の深層から、農業への反応としてのごく最近の遺伝子の変化まで広範に及び、世界がわたしたちに投げかける難題を処理する能力の土台となっている。現代世界の大部分は人為的なものだから、これまで見てきたように、わたしたちが自身が生み出している問題であって、必ずしも進化的遺産によって解決できるわけではない。実際、多くの場合、進化的遺産はかえって不利に作用し、人間が構築してきた世界で起きているあらゆる問題に対してわたしたちを脆弱にしている。問題は食事から嗜癖、暴力からフェイクニュースまで幅広いが、わたしたちが進化した当時の環境と現代世界の間に生じる不適合によってある程度は説明できる。

もちろんわたしたちは単なる遺伝子の産物ではない。遺伝子による生まれと環境による育ちの相互作用があり、他に類を見ない学習し適応する知的な能力があることで人間であり、生きていくこともできる。そしてわたしたちが多くの意味で目的不適合であるにもかかわらず、なんとかその日暮らし以上の生活ができていることは、現在の人口によって証明されている。一方で人間は環境を形作り構成する能力により自然界で最も偉大なエンジニアとなったわけだが、シロアリが印象的なアリ塚で栄養循環を達成し、ヨーロッパビーバーが生物多様性の高い湿地と灌木林を形成しているのとは異なり、わたしたちの環境工学はたったひとつの生物種のこと、つまり人間の都合しか考えていない。

　現代世界におけるわたしたちにとって最大の「不適合」は、脳を大きく複雑にして抽象的な思考と社会的協働を可能にした進化が、驚くほど器用な手と結びつき、自らを破滅に追いやる理想的な道具を生み出したことと言ってもいいだろう。過去七五年、進化的視点からすればとるに足りないわずか三世代で安価な飛行機旅行が可能になり、自家用車の普及が進み、消費者運動が起き、インターネット、リアルタイム・グローバリゼーションが登場し、人口は三倍に増加したのである。わたしたちは自らの生息地を劣化させ、気候を変化させ、自らの巣を汚してきたが、それは奇跡のような変異と進化的変化の組み合わせでは解決できない。こうして急速に劣化した環境下でも生き延びられるように進化が進んだとしても、もちろん実際には不可能だが、単純にわたしたちには進化を待っている時間がないのだ。自ら生み出した環境災害を回避するには、最も強力で最も重要な進化的遺産を投入しなければならないだろうが、その進化的遺産は何よりわたしたちがこうした窮地に陥った原因でもある。つまり脳を利用しなければならない。そして問題は、未来の計画を立てる場合、どうしても克服しなければならないふたつの深刻な不適合を進化は用意していることだ。

自然選択　今を生き残ること

わたしたち人間は今、実存的問題に対峙していることを認識し、その原因を理解し行動できる他に類のない立場にある。他の動物でいまだかつてこのような贅沢を味わったものはない。白亜紀の終わりに大地を徘徊していた恐竜が小惑星の接近を見るために空を見上げることはなかったし、その計画を立てることもなかった。わたしは南アフリカの柵で囲われた野生保護区での研究を引き受けた。そこで豊かな草地の草を食むアンテロープは、将来も草地が持続するように草地を順に火入れをする計画を立て、実行する手段は持ち合わせていない。人間が草地を管理しなければこれらの動物は最終的に草を食べ尽くしてしまい、新たな草地へ移動できなければ餓死してしまう。こうしたことは生息地や個体密度を適切に管理できなかった多くの保護区で実際に起きていることで、人類にとって未来の地球を占うよいモデルになっている。野生生物とは違い、人間の場合はやろうと思えば、計画を立て資源を管理することもできる。多くの人が提案しているように長期的な生存には計画的な資源管理が不可欠で、今すぐに行動しなければならない。そのために自身の限られた利己主義を超えて思考し、遠い未来に向けて計画を立てる必要があるが、そこに進化のふたつの特性が立ちはだかるのである。

自然選択と進化は要するに現在のこの場と目前の未来に対処することだ。どう行動すれば交配相手が得られるか。どうすれば捕食を回避できるか。子孫を最大限に増やすには何をすればいいのか。進化は大きな目標に向かって邁進することではなく、未来の完璧な解決策へ向けた執拗な試行錯誤だ。進化は何らかの目的を目指して進行するという考え方を目的論と言うが、注意していないとこの目的論的思考がするりと忍び込んでくる。キリンは樹冠の高い所にある葉を食べたいから、その目的で首が長くなったわけではない。そうではなく、キリンの首が長くなるように進化したのは、何世代にもわたり首の長さの分布で長い方に位置する個体が、何らかの遺伝的要素を持っていて、首が短い個体よりも子孫を多く残してきたことが要因だ。ある時点で極端な体高と長い首の代償（かつてない堅固な力学的補強が必要で脳に血液を送るために高い血圧も必要になる）が便益を上回るようになれば、首の長さの進化にブレーキがかかる。その過程のどの時点においても、キリンあるいは進化は、将来世代の利益のために計画を立てていたわけではなかった。

わたしたちは当然のようにその知的能力を自慢するが、その脳にしてもより多くの子孫を残せるようにするための単なる適応に過ぎない。従って必然的に脳は現在のこの場のための道具なのだ。わたしたちはあらゆる動物と同じように、当面の問題に精を出すことは非常に得意だが、それは克服しなければならない問題がまさに現在に存在するからだ。だからといって未来を計画できないと言っているのではない。人間に可能なことはわかっている。ただ、抽象的な未来とわたしたちの関係は、具体的な現在との関係とは異なることが強く示唆されているのである。他の動物でも未来を計画することはできる。リスは冬に備えて自らナッツを埋め、鳥の中には植物の種を木の幹に開いた洞《うろ》に蓄えて、後でそれを（傑出した空間的記憶を利用して）発見し食べるものもある。しかし自然界では、リスや鳥が将来世代のために意図的に食糧を蓄えることはない。もちろん埋めたナッツが忘れられ、そのままで発芽して樹木となり将来世代の食糧になることはあるが、幸運な偶然は将来の計画とは言えない。ナッツを埋める行動とそれを再び発見するために必要な認知構造は、ナッツを埋める個体にその後近いうちに優位性が生じるため選択されてきたのである。極めて現実的な現在は抽象的な未来より常に重要で、個体を今すぐ苦悩から脱出させることができ、遺伝子に基づく神経学的構造に由来する思考過程が発達すると考えるのは至極当然のことだろう。すぐ後で未来のわたしたちとの関係の問題へ戻るが、今は現在の人間同士との関係について考えなければならない。それは後でわかるように、わたしたちが未来についてどのように考えているかを分析する上で興味深い役割を果たしてくれるからだ。

自己の利益は無視できない

選択が個体に作用するのであれば、わたしたちには他人より自分自身を大切にする強力な傾向があるはずだ。確かに自己の利益は自然界の大部分における掟であって、利己的行動と個人的な利益というレンズを通してみると多くの動物行動の進化をうまく理解できる。もちろん、人生を他人のために捧げ、自分の時間を割いてまで他人を助け、大金を寄付するなど、利他的な態度で行動するようにみえる人間も多い。同じように、暴力的ではない人も多く（第七章）、薬物依存症にならない人や（第八章）、ソーシャルメディアで健全に活動でき（第六章）、素晴らしい腸内のマイクロバイオームを持つ人（第四章）も大勢いる。ここでのキーワードは本書を通してそうだったように「傾向」だ。わたしたちが本当に知りたいのは、他人の利益より自らの利益を大切にする傾向があるのか、ということだ。思考過程の一部は、経験と学習によって洗練される機会を伴う生得的な進化の結果であること、そして選択が主に個人に作用することを受け入れるなら、利己主義を促す思考過程が選択される可能性は高いだろう。しかし人間が社会的な種として発達し、協力しあうことによる利益が得られるようになれば、自然選択によって社会的集団（たいていは親族）に有利な知的過程と考え方が選好されるようになるだろう。重要なのはこの個と集団あるいは他者のバランスだ。

　集団の利益ばかりを考えるような集団でさえ、利己主義の特徴を見ることができる。ミツバチは調和の取れた集団生活の究極の姿として描写されることが多い。ミツバチの群（コロニー）を従えるのが一匹の女王蜂で、卵はすべてこの女王蜂が産む。女王蜂は一流の「ブリーダー」であり「生殖階級」で、メスの働き蜂は女王蜂の卵から生まれ子は産まない（非生殖階級）。働き蜂が休みなく働き続けることでコロニーはどんどん大きくなり、分蜂できる大きさになる。すると働き蜂の大きな集団（普通は全体数の約三分の一）が古い女王蜂とともにコロニーを離れるが、その間にも元の蜂の巣では新しい女王蜂が養育されている。ここで繁殖しているのはコロニーそのものであって（ひとつのコロニーで始まり、一回の分蜂でふたつのコロニーができる）、新たな分蜂を生産できるまで大きく成長しなければならないのはコロニーなのだ。女王蜂と働き蜂の分業体制は、女王が卵を産み働き蜂がその他の作業すべてを受け持っていて、効率的かつ効果的ではあるが、働き蜂が得る利益はいわゆる「間接適応度」に由来するものだけである。その働き蜂の姪にあたる働き蜂が属する新しいコロニーを率いるのは姉妹にあたる女王蜂で、この女王蜂を養育することで得られるのが元の巣の働き蜂の利益だ（近縁者の繁殖）。しかし多くのアリや社会性ハチそして社会性スズメバチのコロニーのワーカー（働きアリや働き蜂）は実際には完全に不妊なのではなく子孫を作ることがあり、その場合「直接適応度」による便益が得られる（自分自身の繁殖）。ワーカーは無精卵を産み、「半倍数性」という性決定過程によってオスが生まれる。女王蜂が二回以上交配すればコロニー内の血縁度が低下するため、ワーカーは他のワーカーが産んだ息子（甥に当たる）より自分の息子の方を、そして彼らの兄弟（女王の息子）の方を大切にする。こうした状況ではワーカーが産卵したくても、ワーカー集団はその姉妹であるワーカーが産んだ卵を破壊しようとするだろう。このいわゆる「ワーカー・ポリシング」(worker policing)による犠牲は非常に大きく、資源と時間の無駄にもなるが、それでも利己主義のためにワーカーの産卵は粘り強く続いている。わたしたち人間より遥かに集団指向の強い種においてすらこうした利己主義が観察できるということは、利己主義は生物にとって非常に重要な役割があることを示している。

希望はある

日常生活における利己主義と協力の重要性、自らの行動への知的関心、そして道徳性などのさらに大きな問題とも関連することから、「わたしたちは利己的なのか」という問いに答えるために心理学者が全力を尽くしたのは当然だろう。その全体的結論はエミリー・プローニンとその同僚らによる二〇〇八年の論文にうまくまとめられている。この論文にはすぐ後で触れることになるが、おおよそ「未来のわたしたち」についてどう考えるかに関心が置かれている。プローニンらは、わたしたちには「自己より他者を無視する決定をする傾向」があると述べている。[1] 用心深く慎重な言い回しだが厳しい結論だ。しかし最近の研究によれば、わたしたちは思ったほど生まれながらに利己的ではないという可能性も示唆されている。

二〇一二年にネイチャーに発表された「自発的な贈与と計算された利欲（Spontaneous giving and calculated greed）」というタイトルの論文で、ジョシュア・グリーンと同僚は実験によって、思考がわたしたちの行動に及ぼす影響を調べた。[2] この研究の土台となっているのが、わたしたちは自らの行動について考える機会があればより利己的に振る舞い、彼らの言う「合理的利己主義」を示すが、時間的制約があって自らの行動についてあまり考えることができない場合には、利己的な振る舞いは減少するという仮説だ。一方で、グリーンらが述べるようにひょっとすると単純に「利己的行動をとる傾向があり、能動的な自制がなければ協力的に振る舞えない」、つまり考える時間があれば人は善良になり、利己主義へ向かう傾向が弱くなるのかもしれない。グリーンらは実験によってこのふたつの行動パターンを明確に分離し、利己的行動あるいは利他的行動に直感と熟考が関係することを明らかにした。

この実験設計は第九章で取り上げたように、信用を育む上でオキシトシンが果たす役割を考えた時に用いた投資・受託ゲームにとてもよく似ている。被験者には役割と投資するお金が与えられ、ここでも実験者が受託者へ送金する金額を増やしてから（この実験では投資額を三倍ではなく二倍にする）受託者の決定に従って利益を分配する。グリーンらはこのゲームに面白い変更を加えた。時間要素を導入したのである。いくつかのゲームで被験者は瞬時に送金の判断をしなければならず（一〇秒以内）、別のゲームでは被験者はじっくり考えてから決定する。素早い決定が求められる場合は直感、つまり今ここで問題を解決するために進化した発見的手法（ヒューリスティクス）によって判断することになるだろう。一方、熟考した後の決定は高度な知的過程による影響を受けるだろう。この実験全体から得られた結果により、被験者が行動について熟考しなければならない時よりも、瞬時に決定する場合の方が協力的になることが明らかにされた。この実験結果を総合すると協力は直感的な行動ということになった。グリーンらによると、瞬時に決定を下す必要がある場合には「協力的ヒューリスティクス」という単純な認知的経験則が始動するためだとしている。総括すると、協力はたいてい有利な手段となり、大雑把な方法だが大概とてもうまくいく。一方、時間をかけて決定を熟考した場合、協力するのではなくもっと利己的に行動することになる。

こうした実験結果を、わたしたちの期待通り、遺伝子と環境、そして学習の組み合わせを利用して解釈する方法を提供してくれるのが「社会的ヒューリスティクス仮説」だ。この仮説によれば、日常的に協力的な行動で利益を得ている人は、協力的ヒューリスティクスをさらに発展させ、社会的状況での標準的反応として協力的行動をとる傾向を持つようになる。また以前に直感的に協力的な行動をしたことがあり、その結果が有益だった場合にも、協力的ヒューリスティクスが強化されることになる。一方、利己的な行動で報酬を得た場合は、非協力的ヒューリスティクスが発達するだろう。直感的判断による行動には多様な側面もあるが(比較的利己的な人もいる)、社会的ヒューリスティクス仮説によれば、熟考すると誰でも利己主義的行動が促されるようになることが予測される。

　グリーンらは直感的な行動の標準モードが利他主義であるという極めて明確な証拠を見いだし、彼らの研究は大きな影響力を持つようになった。しかしその後の追試研究では、グリーンらの元々の発見を再確認した研究もあるが、熟考により協力が強化されるというまったく反対の結果を得た研究もある。[3]こうして混乱してきた研究を整理するために、グリーンの実験を追試した二一件の独立した研究の分析が二〇一七年に発表された。[4]この分析から「時間による圧力［直感］と強制的に遅らせる［熟考］条件による行動決定への寄与に基本的な違いはない」ことが明らかにされた。結局グリーンの実験で得られた発見は、時間の制約を満たせなかった人を除外することによる、サンプルの偏りから生じたものだったのである。従って今はまだ、直感的に決定を下す時に利己主義が控えめになるのかどうかについて結論が出たわけではない。興味深いのは、社会的ヒューリスティクス仮説の有効性はともかくとして、利己主義的行動と利他主義的行動の混在が判明したことだ。これについては直感と熟考の間のバランスや生得的機構、学習そして経験の寄与として説明することもできるが、利己主義の傾向が進化による行動レパートリーの重要な要素であるという事実も消えていない。未来について考える場合、この利己主義の傾向を忘れてはならない。

とても抽象的な未来のわたしたちのとても現実的な問題

未来のこと、特にわたしたちの未来を考える時、未来のわたしたちを現在のわたしたちと同じ人物とは考えない傾向がある。わたしたちの仮想的な未来像を誰か別の人として見る傾向があり、未来をあたかも他の誰かに起きることとして想像する傾向があるのだ。これは心理学者が「時間的距離」（現在と過去あるいは未来との差異）と「社会的距離」（人と人との間の親密度）と呼ぶものが重なり合っている状況で、未来を計画する時に大いに関係してくる。現在のわたしたちに必要な未来の計画には、自らの将来の姿だけでなく、他のすべての人の未来の姿を想定する必要があり、まだ生まれていない子どもの未来の姿、そのまた子孫の未来像も想定しなければならない。その時あちこちで絡んでくるのが時間的距離と社会的距離だ。

未来のわたしたちを現在のわたしたちとは別の人々として見ているという、十分とは言えないまでも興味深い証拠は、文字通りわたしたちが未来の自分自身をどのように見ているのかを観察することで得られる。未来を描く時、わたしたちは未来の自分について外部観察者の視点から見る傾向があり、一方で現在の自分は直接、経験的にいわば内部から認識している。特に未来のことについては、この視点の移行を捉えるために特別に設計された一連の実験によって、もっと満足のいく確実な証拠が得られる。

実験にはむかつくような不快な飲み物が必要だった。被験者は学生たちで、その不快な飲み物を現在か未来にいる自分自身か別の被験者がどのくらい飲むべきかを、被験者が現実的もしくは仮想的に決定するよう求められる。気分と知覚に関する仮想的な科学実験の一環としてその飲み物を摂取するという設定だった。現在の自分自身（あるいは実験者たちの用語を使うなら現在進行形の自分）を仮想的に経験することはできないので、現在進行形の自分は当面の主観的経験に注意を集中する傾向が見られる。従って現実的に決定しなければならない被験者は、その不快な飲み物を現在の自分自身よりも未来の自分と未来の他人に多く配分する選択をすることが予測された。この未来頼りの決定にいくらか現実世界らしい危険性の味付けをするため、次期セメスターの前半にその未来の不快な飲み物（水とケチャップと醤油をまぜたもの）を実際に飲まなければならず、飲めない場合は履修単位を失うことになる。仮想的な決定をする被験者の方は、その不快な飲み物を自分たちも含めた多くの人に配分している自分自身のことを想像するように指示される。ただ、野次馬にはがっかりするかもしれないが、現実的な決定においても仮想的な決定においても、また現在においても未来においても、実際には誰もその不快な飲み物を飲まされることはなかった。

仮想的な条件の場合は、現在と未来の自分あるいは他人に配分された不快な飲み物の量に差はなかった。つまり仮想的な状況では、わたしたちは実際には現在と未来を区別していないように見える。しかし被験者が現実的な決定になると思った場合には、非常に大きな違いが生じることを実験者は突き止めた。その場合、被験者が今すぐに自分で飲むために配分した量は未来の自分へ配分した量の半分以下だった。そして今すぐ他人に飲ませるために配分した量は、興味深いことに、未来の自分自身に配分した量と一致したのである。つまり、決定をする時、わたしたちは他人より自分自身を圧倒的に贔屓して扱う傾向があるが、この依怙贔屓を未来にまで持ち込んではいないのである。この不快な飲み物実験でわかったことは、わたしたちの優先順位はしっかり固定されていることで、何より現在の自分を優先し、あとは未来の自分も（現在、過去、未来のどこに存在するかにかかわらず）その他の人たちと同等なのである。

別の実験でもこの現在・未来バイアスが確認されている。再び学生を被験者とした実験で、今度は学生の振りをした研究者が指導する架空のピアチューター（学生による学習指導）とピアメンター（下級生へのアドバイス）のプログラムのボランティアに時間を割いてもらうようお願いする。この実験は、学生にとってはストレスがかかる重要な中間試験中に実施される。被験者は四つのグループに分けられた。

1　現在の自分（今週は何時間提供できるか）
2　未来の自分＋無条件（次の中間試験期間だったら何時間提供できるか）

3　他人（他の学生だったら何時間提供できると思うか）

4　未来の自分＋同じ感覚（次の中間試験期間でも今とまったく同じくらいのストレスと不安を感じているとしたら、次の中間試験期間ではどのくらい時間を提供できるか）

最後のグループ未来の自分＋同じ感覚では、さらに現在と同じ作業量で、ワーク・ライフ・バランスについてもまったく同じ心配があり、被験者は現在と正確に同じ状態にあるとされた。その結果は非常に明瞭で、現在の自分グループがボランティアとして提供する時間（二七分）は未来の自分＋無条件グループ（八五分）及び他人グループ（なんと一二〇分）より少ない。再びこの結果でも示されたのは、わたしたちは未来の自分も含め他のどんな人より現在の自分を優先するということだ。実に興味深いのは、実験者が被験者に未来の自分とは何かを一生懸命説明している時に起きたことだ。被験者たちが未来の自分は基本的に現在の自分とまったく同じだと説明されると、未来の自分をほぼ現在の自分のことと考え始め、未来の自分の提供時間がずっと短くなったのである（四六分）[1]。ここでの教訓は、未来の自分も同じ経験を持ち、同じ不安と恐怖を抱えた今と同じ自分であることに気付くと、未来の自分をもっと好意的に扱い始めることだ。そして他人の場合は現在であっても未来であっても好意的には扱わない。

その他にも、現在あるいは未来において、たとえばチャリティーで資金集めをしている人の代わりに迷惑メールを受信する実験や、現在あるいは未来に受け取る賞金総額に関する実験でも基本的に同じ結果が得られている。わたしたちは未来の自分自身のことを割り引いて考え、現在の自分を他の誰よりも優先的に扱うのである。こうした傾向にがっかりするかもしれないが、当然のことなのだ。他の動物と同じように、わたしたちの脳の認知構造も、今この場を生き自己保存を最重視する生物として機能するように進化したのである。

進化によって獲得したあらゆる傾向の中で、おそらくその衝撃という点で最も大きな不適合と言えるのは、わたしたちの未来に対する態度だろう。しかしそれは最も容易に克服できる不適合でもある。ピアチューター実験で明らかになったのは、わたしたちは脳を使って未来について考えることができ、主観的経験の点では未来の自分を現在の自分と同一の人間と想像できる機会が与えられた場合、未来の自分を若干贔屓目に見るようになったことだ。考える機会が与えられることで他者（現在の他者と未来の他者）に対して利己的に振る舞う態度が和らぐかどうかについては議論の余地があるとはいえ、これまで見てきたように、いくつかの実験によって、まさにそうなる可能性が強く示唆されている。やはりわたしたちにはまだ希望がありそうだ。

わたしたち自身を救済する

わたしたちは毎日自分や他人、そして未来のすべての人に影響を与える何百もの決定をしている。これまでの章では現代世界の問題に潜む不適合を捉える進化的アプローチによって、肥満や嗜癖などに対処するための洞察が得られた。それらの問題と本章で考えている問題には大きな違いがある。肥満や嗜癖のように進化によって獲得した傾向が疾病と結びつく場合は大きな社会的問題の原因となるにしても、全人類の生存を脅かしているわけではない。肥満や嗜癖は多くの人間に苦痛を与え、命にかかわることはあっても、全人類に影響を及ぼすわけではない。しかし、現在地球環境を劣化させている利己的で未来を無視した行動は人類全体に影響を及ぼす可能性があるのだ。では、他者と未来について考えられるように進化で獲得した傾向は、わたしたちが直面している最大の問題を解決する助けになるのだろうか。わたしは助けになると考えている。

現在のところ、環境問題をめぐるレトリックの多くはおおよそ非難に集中していて、その非難の矛先はたいてい、大気汚染を生みやすい発電や様々な産業に支えられて急速に経済を発展させている国に照準が当てられている（たとえば中国）。もちろん、イギリスやアメリカなどの先進国でもそれほど遠くない過去には同じようなものだった。他者を非難するのは都合のいい政治の常套手段だが（第九章の社会的アイデンティティ理論を思い出してほしい）、それでは彼らとわたしたちに社会を分断する思考枠組みを強化するだけだ。個のレベルと集団レベルに見られる本質的な利己主義を活性化させる危険なアプローチである。グローバリゼーションはインドネシア製の安価なプラスチックの靴を購入する単なる手段ではないことを理解しなければならない。見方を変えれば、グローバリゼーションは個人主義的で部族主義的な傾向を克服するまたとないチャンスでもある。暫定的で慎重過ぎる結論かもしれないが、他者を同じ集団の一員、わたしたちとして見ることができるようになれば、彼らともっとうまくやっていけるだろう。陳腐で古くさいと思われるだろうが、進化的な視点から見えてくるのは、人間は団結する手段を編み出さなければならないということのようだ。ジョン・レノンなら気付いていただろう。

もちろん、わたしたちが未来のわたしたちにとっての未来の結果を、誰か別の人に起きる事象と考える傾向があるのも事実だ。だから、わたしたちの目標が、未来世代の利益のために今現在のわたしたちの行動を変えることにあるなら、この事実は根本的な問題となる。さらに、未来の自分実験での不快な飲み物のように、なかなか薬を飲んでもらえないことが問題をさらに悪化させている。ここで薬というのは消費を抑えなければならないこと、汚染を減らさなければならないこと、食習慣を変えなければならないこと、飛行機をなるべく利用しないようにすること、そして自動車の利用を減らすことなどだ。未来のわたしたちは、現在のわたしたちとはライフスタイルがかなり異なり、もっと地味な暮らしになるだろう。ひょっとするとわたしたちに必要な薬を飲ませるには、進化による弱点に注目する必要があるのかもしれない。賢明な第一歩は、未来のわたしたちは依然としてわたしたちであることを常に力強く意識することだ。未来のわたしたちは見解も感覚も、希望も恐怖も今現在のわたしたちと変わらないだろう。わたしたちの限界を受け入れ、自らの弱点に注目する時が来ているのかもしれない。そうだとするなら進化的遺産の理解を深めることによって、最も重大な不適合からわたしたち自身を救済し、未来世代もこの地球上で繁栄できるような知恵が得られるのではないだろうか。

訳者あとがき

本書はAdam Hart, *Unfit for Purpose: When Human Evolution Collides with the Modern World* (Bloomsbury, 2020) の全訳です。

著者のアダム・ハートはグロスターシャー大学教授で社会性昆虫を専門とする昆虫学者です。大学では動物行動学、行動生態学、科学コミュニケーション論などを講義し多数の論文を発表するかたわら、BBCの科学ドキュメンタリー番組を担当するなど、生物学を中心として科学知識の普及に努めています。本書はそうした著者の専門知識とプレゼンターとしての力を存分に生かし、進化と現代世界の関係について斬新な視点から切り込みます。

人類の遥かな過去から進化の流れを眺めてみれば、ゴリラやチンパンジーと袂を分かちホモ・エレクトスからホモ・サピエンスへ、狩猟採集から農耕へ、産業革命を経てさらに高速化した輸送や情報化の進んだ現代世界を構築してきました。こうした進化の流れはよりすぐれた集団への変化、よりよい環境の構築へと進んだ発展のように思えます。進化という言葉から普通イメージするのは、そうしたよりよい状態へと変化することでしょう。

ところが進化には実は不都合な真実があったのです。肥満や不耐症を生み、腸内バクテリアの生態系を乱し、ストレスが不安症にむすびつき、ネットや薬物にのめり込み、フェイクニュースに引きよせられること、これらすべてに過去における進化という遺産が影響していると著者は考えます。遥か過去の環境の中で遺伝子の変異を介して適応してきた進化的遺産が現代世界ではうまく機能しなくなり、有害にさえなっているというのです。こうした状況を著者は進化的遺産と現代的環境の間に生じる「不適合」として捉えます。本書では各章で肥満や乳糖不耐症、腸内バクテリアの変化、ストレス、インターネットの影響、暴力性、嗜癖、フェイクニュースなどの現代社会の病理をテーマに取り上げ、それらに進化的遺産と環境との間の不適合が影響している可能性について、反論も含め様々な研究を紹介しながらその妥当性を追究します。

本書全体を通した論理の枠組みは単純です。遠い過去の環境に適応するように何千年もかけて進化してきたストレスや免疫系の遺伝的特徴が、現代の環境の急速な変化の中ではうまく機能せず、新たな進化もとうてい環境の変化速度には追いつけないために生じていると考えるのです。進化を良きものと漠然と捉えていた訳者には斬新な視点でした。

たとえば第八章ではアルコールやドラッグへの嗜癖や依存の問題が扱われています。アルコールデヒドロゲナーゼ（ＡＤＨ）という酵素群のエタノール分解能力が突然増大したのは、現世人類が登場する遙か以前の約一〇〇〇万年前のことでした。この変異によって森の中で熟れた果実から漂う匂いをかぎつけエタノールを含む果実を食糧とすることができるようになったのです。果実に含まれるエタノールはごくわずかな量だったのですが、生存や繁殖に有利に作用しました。ところが現代世界ではアルコール濃度の高い飲料が容易に手に入る環境となり、こうした進化的遺産は健康被害というコストの方がメリットを上まわるようになってしまったのです。

もちろんこうした著者の視点を裏付ける仮説や証拠について、必ずしも確定的な結論が出されているわけではありません。本文中でも指摘されているように様々な解釈、反論もあり、相反する研究結果がひしめいてもいます。ですから本書での議論の展開もたびたび寄り道があり、行ってみたら行き止まりなのでまたもとの議論に戻るといった場面も出てきます。そんな状況を受け止めつつ、著者は進化的遺産と現代世界との不適合という視点が骨格となり、将来さらなる研究が積み重ねられ、現代世界の病巣の理解と将来への展望が開けると考えています。人類史上最大の不適合を生み出している地球環境の劣化を緩和するにも、人類が受け継いできた進化的遺産による現在の人間の弱点を把握することが重要で、現代のわたしたちが未来のわたしたち自身を見つめる視点の転換にこそ一筋の希望の光があると著者は説きます（第十章）。

人類学、遺伝学、考古学、生物学、生化学、社会学など多くの分野にまたがる最新の知識を動員し、ジョークを交えながら進化と現代の病巣の関係を読み解く著者の筆致に導かれ、読者もおそらく過去の進化を担いつつ未来の進化へとつなぐ自分自身の存在に気付かされることになるのではないでしょうか。良質のポップ・サイエンスと言える一冊です。

二〇二一年二月

柴田譲治

目的《もくてき》に合《あ》わない進化《しんか》

進化《しんか》と心身《しんしん》のミスマッチはなぜ起《お》きる

下

●

2021 年 3 月 22 日　第 1 刷

著者……………アダム・ハート
訳者……………柴田《しばた》 譲《じょう》 治《じ》
装幀……………川島進
発行者……………成瀬雅人
発行所……………株式会社原書房
〒 160-0022 東京都新宿区新宿 1-25-13
電話・代表　03(3354)0685
http://www.harashobo.co.jp/
振替・00150-6-151594
印刷・製本……………シナノ印刷株式会社

ISBN978-4-562-05912-6, printed in Japan

◆著者

アダム・ハート　(Adam Hart)

昆虫学者、グロスターシャー大学科学コミュニケーション学部教授。BBCのRadio4レギュラー・キャスターで、『キリングジャーの中で（Inside the Killing Jar)』や『大物ライオン狩り（Big Game Theory)』、『アロザウルスを育てる（Raising Allosaurus)』、『アメリカミツバチを追って（On the Trail of the American Honeybee)』などのドキュメンタリー番組を担当。BBCワールドサービスの長寿ラジオ番組『サイエンス・イン・アクション（Science in Action)』でも案内役を務める。テレビではBBC4の『アリの世界:巣穴の生活（Planet Ant: Life Inside the Colony)』、BBC2の『アリ世界の日常（Life on Planet Ant)』『巣箱は生きている（Hive Alive)』などのドキュメンタリー・シリーズでナビゲーターを務める。

100本以上の科学論文を発表。2015年に一般向け科学書『The Life of Poo（うんちの一生)』を著す。

◆訳者

柴田譲治（しばた　じょうじ）

1957年神奈川県生まれ。翻訳業。主な訳書にウェバー『エネルギーの物語』、シップマン『ヒトとイヌがネアンデルタール人を絶滅させた』、ロビンソン『図説地震と人間の歴史』(以上、原書房)、モンビオ『地球を冷ませ』、スズキ『生命の聖なるバランス』(以上、日本教文社）など。

原注

第1章

1 Gustafsson, A. and Lindenfors, P. 2009. Latitudinal patterns in human stature and sexual stature dimorphism. *Annals of Human Biology* 36: 74–87.

2 Grey, R. 2016. Cave fi res and rhino skull used in Neanderthal burial rituals. *New Scientist* , 1 October 2016: 3093.

第2章

1 Coronil, F., Fix, A.G., Pels, P., Briggs, C.L., Mantini-Briggs, C.E., Hames, R., Lindee, S. and Ramos, A.R. 2001. Perspectives on Tierney ' s Darkness in El Dorado. *Current Anthropology* 42: 265–76.

2 レターとコメントについては以下で閲覧可能。 people.maths.ox.ac.uk/trefethen/bmi.html .

3 世界的な糖尿病の増加について詳しくは以下を参照。 www.who.int/newsroom/fact-sheets/detail/diabetes .

4 たとえば以下を参照。 Vogli, R.D., Kouvonen, A., Elovainio, M. and Marmot, M. 2014. Economic globalization, inequality and body mass index: a cross-national analysis of 127 countries. *Critical Public Health* 24: 7–21.

5 Prentice, A.M. 2005. The emerging epidemic of obesity in developing countries. *International Journal of Epidemiology* 35: 93–9.

6 Prentice, A. and Webb, F. 2005. Obesity amidst poverty.
International Journal of Epidemiology 35: 24–30.

7 Krishnan, M., Major, T.J., Topless, R.K., Dewes, O., Yu, L., Thompson, J.M., McCowan, L., de Zoysa, J., Stamp, L.K., Dalbeth, N. and Hindmarsh, J.H. 2018. Discordant association of the CREBRF rs373863828 A allele with increased BMI and protection from type 2 diabetes in M ā ori and Pacifi c (Polynesian) people living in Aotearoa/New Zealand. *Diabetologia* 61: 1603–13.

8 Speakman, J.R., 2008. Thrifty genes for obesity, an attractive but fl awed idea, and an alternative perspective: the ' drifty gene ' hypothesis. *International Journal of Obesity* 32: 1611.

9 Post, J.D. 1977. *The last great subsistence crisis in the Western World* .
Johns Hopkins University Press, Baltimore.

10 Helmchen, L.A. and Henderson, R.M. 2004. Changes in the distribution of body mass index of white United States men, 1890–2000. *Annals of Human Biology* 31: 174–81.

11 Prentice, A.M., Hennig, B.J. and Fulford, A.J. 2008. Evolutionary origins of the obesity epidemic: natural selection of thrifty genes or genetic drift

following predation release? *International Journal of Obesity* 32: 1607.
12 Wang, G. and Speakman, J.R. 2016. Analysis of positive selection at single nucleotide polymorphisms associated with body mass index does not support the ' thrifty gene ' hypothesis. *Cell Metabolism* 24: 531–41.
13 Speakman, J.R. 2018. The evolution of body fatness: trading off disease and predation risk. *Journal of Experimental Biology* 221: p.jeb167254.
14 Speakman, J.R. 2006. Thrifty genes for obesity and the metabolic syndrome–time to call off the search? *Diabetes and Vascular Disease Research* 3: 7–11.
15 Cunningham, E. 2012. Are diets from paleolithic times relevant today? *Journal of the Academy of Nutrition and Dietetics* 112: 1296.
16 Crittenden, A.N. 2011. The importance of honey consumption in human evolution. *Food and Foodways* 19: 257–73.
17 Schoeninger, M.J. 2014. Stable isotope analyses and the evolution of human diets. *Annual Review of Anthropology* 43: 413–30.
18 Eaton, S.B. and Konner, M. 1985. Paleolithic nutrition: a consideration of its nature and current implications. *New England Journal of Medicine* 312: 283–9.
19 Mellberg, C., Sandberg, S., Ryberg, M., Eriksson, M., Brage, S., Larsson, C., Olsson, T. and Lindahl, B. 2014. Long-term eff ects of a Palaeolithic-type diet in obese postmenopausal women: a 2-year randomized trial. *European Journal of Clinical Nutrition* 68: 350.
20 Genoni, A., Lo, J., Lyons-Wall, P. and Devine, A. 2016.
Compliance, palatability and feasibility of paleolithic and Australian guide to healthy eating diets in healthy women: A 4-week dietary intervention. *Nutrients* 8: 481.

第3章

1 Latham, K.J. 2013. Human health and the Neolithic revolution: an overview of impacts of the agricultural transition on oral health, epidemiology, and the human body. *Nebraska Anthropologist* 28: 95–102.
2 Balk, E.M., Adam, G.P., Langberg, V.N., Earley, A., Clark, P., Ebeling, P.R., Mithal, A., Rizzoli, R., Zerbini, C.A.F., Pierroz, D.D. and Dawson-Hughes, B. 2017. Global dietary calcium intake among adults: a systematic review. *Osteoporosis International* 28: 3315–24.
3 Del Valle, H.B., Yaktine, A.L., Taylor, C.L. and Ross, A.C. (eds).
2011. *Dietary reference intakes for calcium and vitamin D* . National Academies Press.
4 Fuller, F., Beghin, J. and Rozelle, S. 2007. Consumption of dairy products in urban China: results from Beijing, Shangai and Guangzhou. *Australian Journal of Agricultural and Resource Economics* 51: 459–74.
5 たとえば以下を参照。 www.livekindly.com/chinas-growing-milkconsumption- global-concern .
6 Chen, P., Li, Z. and Hu, Y. 2016. Prevalence of osteoporosis in China: a me-

ta-analysis and systematic review. *BMC Public Health* 16: 1039.
7 サイエンスの以下の解説記事を参照。 www.sciencemag.org/ news/2014/04/ how-sheep-became-livestock .
8 Gerbault, P., Liebert, A., Itan, Y., Powell, A., Currat, M., Burger, J., Swallow, D.M. and Thomas, M.G. 2011. Evolution of lactase persistence: an example of human niche construction. *Philosophical Transactions of the Royal Society B: Biological Sciences* 366: 863–77.
9 Itan, Y., Jones, B.L., Ingram, C.J., Swallow, D.M. and Thomas, M.G. 2010. A worldwide correlation of lactase persistence phenotype and genotypes. *BMC Evolutionary Biology* 10: 36.
10 Bayoumi, R.A.L., Flatz, S.D., K u hnau, W. and Flatz, G. 1982. Beja and Nilotes: nomadic pastoralist groups in the Sudan with opposite distributions of the adult lactase phenotypes. *American Journal of Physical Anthropology* 58: 173–8.
11 Itan, Y., Powell, A., Beaumont, M.A., Burger, J. and Thomas, M.G. 2009. The origins of lactase persistence in Europe. *PLoS Computational Biology 5* : p.e1000491.
12 Bersaglieri, T., Sabeti, P.C., Patterson, N., Vanderploeg, T., Schaff ner, S.F., Drake, J.A., Rhodes, M., Reich, D.E. and Hirschhorn, J.N. 2004. Genetic signatures of strong recent positive selection at the lactase gene. *The American Journal of Human Genetics* 74: 1111–20.
13 Lokki, A.I., J a rvel a , I., Israelsson, E., Maiga, B., Troye-Blomberg, M., Dolo, A., Doumbo, O.K., Meri, S. and Holmberg, V. 2011. Lactase persistence genotypes and malaria susceptibility in Fulani of Mali. *Malaria Journal* 10: 9.
14 Rohrer, F. 2007. China drinks its milk. *BBC News* news.bbc. co.uk/1/ hi/6934709.stm .
15 McClure, S.B., Magill, C., Podrug, E., Moore, A.M., Harper, T.K., Culleton, B.J., Kennett, D.J. and Freeman, K.H. 2018. Fatty acid specifi c ä 13C values reveal earliest Mediterranean cheese production 7,200 years ago. *PloS One* 13: p.e0202807.
16 Kropf, N.P. and Kelley, S. 2017. Why more grandparents are raising their grandchildren. *The Conversation* theconversation.com/ why-more-grandparents-are-raising-their-grandchildren-83543 .
17 De Munter, J.S., Hu, F.B., Spiegelman, D., Franz, M. and van Dam, R.M. 2007. Whole grain, bran, and germ intake and risk of type 2 diabetes: a prospective cohort study and systematic review. *PLoS Medicine* 4: p.e261.
18 Jacobs Jr., D.R., Marquart, L., Slavin, J. and Kushi, L.H. 1998. Whole - grain intake and cancer: An expanded review and meta - analysis. *Nutrition and Cancer* 30: 85–96.
19 Ludvigsson, J.F., Leffl er, D.A., Bai, J.C., Biagi, F., Fasano, A., Green, P.H., Hadjivassiliou, M., Kaukinen, K., Kelly, C.P., Leonard, J.N. and Lundin, K.E.A. 2013. The Oslo defi nitions for coeliac disease and related terms. *Gut* 62: 43–52.
20 Lohi, S., Mustalahti, K., Kaukinen, K., Laurila, K., Collin, P., Rissanen,

H., Lohi, O., Bravi, E., Gasparin, M., Reunanen, A. and M a ki, M. 2007. Increasing prevalence of coeliac disease over time. *Alimentary Pharmacology and Therapeutics* 26: 1217–25.
21 Kaukinen, K., Partanen, J., M a ki, M. and Collin, P. 2002. HLA-DQ typing in the diagnosis of celiac disease. *The American Journal of Gastroenterology* 97: 695–9.
22 Molina - Infante, J., Santolaria, S., Sanders, D.S. and Fern a ndez - Ba n ares, F. 2015. Systematic review: noncoeliac gluten sensitivity. *Alimentary Pharmacology and Therapeutics* 41: 807–20.
23 Mansueto, P., Seidita, A., D ' Alcamo, A. and Carroccio, A. 2014. Non-celiac gluten sensitivity: literature review. *Journal of the American College of Nutrition* 33: 39–54.
24 Lionetti, E., Gatti, S., Pulvirenti, A. and Catassi, C. 2015. Celiac disease from a global perspective. *Best practice & research Clinical Gastroenterology* 29: 365–79.
25 Morrell, K. and Melby, M.K. 2017. Celiac Disease: The Evolutionary Paradox. *International Journal of Celiac Disease* 5: 86–94.
26 Augusto, D.G. and Petzl-Erler, M.L. 2015. KIR and HLA under pressure: evidences of coevolution across worldwide populations. *Human Genetics* 134: 929–40.
27 Lionetti, E. and Catassi, C. 2014. Co-localization of gluten consumption and HLA-DQ2 and -DQ8 genotypes, a clue to the history of celiac disease. *Digestive and Liver Disease* 46: 1057–63.
28 Ivarsson, A. 2005. The Swedish epidemic of coeliac disease explored using an epidemiological approach–some lessons to be learnt. *Best practice & research Clinical Gastroenterology* 19: 425–40.
29 Marasco, G., Di Biase, A.R., Schiumerini, R., Eusebi, L.H., Iughetti, L., Ravaioli, F., Scaioli, E., Colecchia, A. and Festi, D. 2016. Gut microbiota and celiac disease. *Digestive Diseases and Sciences* 61: 1461–72.

第4章

1 Sender, R., Fuchs, S. and Milo, R. 2016. Revised estimates for the number of human and bacteria cells in the body. *PLoS Biology* 14: p.e1002533.
2 Yong, E. 2016. You ' re probably not mostly microbes. *The Atlantic* 8 January 2016: www.theatlantic.com/science/archive/2016/01/ youre-probably-not-mostly-microbes/423228/?dom=pscau&src =syn .
3 Clemente, J.C., Manasson, J. and Scher, J.U. 2018. The role of the gut microbiome in systemic infl ammatory disease. *British Medical Journal* 360: p.j5145.
4 Wilson, J.C., Furlano, R.I., Jick, S.S. and Meier, C.R. 2015. Infl ammatory bowel disease and the risk of autoimmune diseases. *Journal of Crohn ' s and Colitis* 10: 186–93.
5 Park, J.S., Lee, E.J., Lee, J.C., Kim, W.K. and Kim, H.S. 2007. Anti-infl ammatory eff ects of short chain fatty acids in IFN- ã - stimulated RAW

264.7 murine macrophage cells: Involvement of NF- ê B and ERK signaling pathways. *International Immunopharmacology* 7: 70–7. ［訳注：Bloomfield SF, Stanwell-Smith R, Crevel RW, Pickup J. *Too clean, or not too clean: the hygiene hypothesis and home hygiene. Clin Exp Allergy*. 2006;36(4):402-425. doi:10.1111/j.1365-2222.2006.02463.x 参照のこと］
6 引用元は以下。www.sciencedaily.com/releases/2017/10/171020125752. htm
7 多発性硬化症については以下を参照。www.mayoclinic.org/diseasesconditions/ multiple-sclerosis/symptoms-causes/syc-20350269 .
8 Planas, R., Santos, R., Tomas-Ojer, P., Cruciani, C., Lutterotti, A., Faigle, W., Schaeren-Wiemers, N., Espejo, C., Eixarch, H., Pinilla, C. and Martin, R. 2018. GDP-l-fucose synthase is a CD4+ T cellspecifi c autoantigen in DRB3* 02: 02 patients with multiple sclerosis. *Science Translational Medicine* , 10: p.eaat4301.
9 Pennisi, E. 2019. Evidence mounts that gut bacteria can infl uence mood, prevent depression. *Science* 4 February 2019: www.
sciencemag.org/news/2019/02/evidence-mounts-gut-bacteriacan- infl uence-mood-prevent-depression .
10 以下のネイチャー566(7),2019論説記事を参照。 www.nature.com/articles/d41586-019-00483-5 .
11 Xu, Z. and Knight, R. 2015. Dietary eff ects on human gut microbiome diversity. *British Journal of Nutrition* 113: S1–S5.
12 Makki, K., Deehan, E.C., Walter, J. and B a ckhed, F. 2018. The impact of dietary fi ber on gut microbiota in host health and disease. *Cell Host & Microbe* 23: 705–15.
13 Sonnenburg, E.D. and Sonnenburg, J.L. 2014. Starving our microbial self: the deleterious consequences of a diet defi cient in microbiota-accessible carbohydrates. *Cell Metabolism* 20: 779–86.
14 Xu, L., Lochhead, P., Ko, Y., Claggett, B., Leong, R.W. and Ananthakrishnan, A.N. 2017. Systematic review with meta - analysis: breastfeeding and the risk of Crohn ' s disease and ulcerative colitis. *Alimentary Pharmacology and Therapeutics* 46: 780–9.
15 Pannaraj, P.S., Li, F., Cerini, C., Bender, J.M., Yang, S., Rollie, A., Adisetiyo, H., Zabih, S., Lincez, P.J., Bittinger, K. and Bailey, A.
2017. Association between breast milk bacterial communities and establishment and development of the infant gut microbiome. *JAMA Pediatrics* 171: 647–54.
16 Pawankar, R. 2014. Allergic diseases and asthma: a global public health concern and a call to action. *World Allergy Organization Journal* 7: 1–3.
17 Lundb a ck, B., Backman, H., L o tvall, J. and R o nmark, E. 2016. Is asthma prevalence still increasing? *Expert Review of Respiratory Medicine* 10: 39–51.
18 Strachan, D. 1989. Hay fever, hygiene and household size. *British Medical Journal* 299: 1259–60.
19 Strachan, D. 2000. Family size, infection and atopy: the fi rst decade of the ' hygiene hypothesis ' . *Thorax* 55: S2–S10.

20 Stanwell-Smith, R., Bloomfi eld, S.F. and Rook, G.A.W. 2012. The hygiene hypothesis and its implications for home hygiene, lifestyle and public health. In *International Scientifi c Forum on Home Hygiene* : www.ifh-homehygiene.org/reviews-hygienehypothesis (an excellent and very readable review).

第5章

1 Trichopoulos, D., Zavitsanos, X., Katsouyanni, K., Tzonou, A. and Dalla-Vorgia, P. 1983. Psychological stress and fatal heart attack: the Athens (1981) earthquake natural experiment. *The Lancet* 321: 441–4.
2 Nesse, R.M. and Young, E.A. 2000. Evolutionary origins and functions of the stress response. *Encyclopedia of Stress* 2: 79–84.
3 石神の論文の概要については以下を参照。www.brainimmune. com/mental-state-and-tuberculosis-tohru-ishigami-1918 .
4 本文中のアドバイスやその他のアドバイスについてはJAMAの記事「急性情動ストレスと心臓」を参照。以下のサイトで閲覧可。 jamanetwork.com/journals/jama/fullarticle/208031 .
5 以下のサマリーに主要な研究へのリンクが掲載されている。www.healthline.com/health-news/millennial-depression-on-therise# Millennial-who ?
6 Horwitz, A.V. and Wakefi eld, J.C. 2007. *The loss of sadness: How psychiatry transformed normal sorrow into depressive disorder* . Oxford University Press, Oxford.
7 Hidaka, B.H. 2012. Depression as a disease of modernity: explanations for increasing prevalence. *Journal of Aff ective Disorders* 140: 205–14.
8 Breggin, P.R. 2015. The biological evolution of guilt, shame and anxiety: A new theory of negative legacy emotions. *Medical Hypotheses* 85: 17–24.
9 不安症に関する統計と現在認められている不安症の多様な形態に関する概説は以下を参照。adaa.org/about-adaa/ press-room/facts-statistics .
10 王立がん研究基金のページは以下で閲覧できる。www.cancerresearchuk.org/about-cancer/causes-of-cancer/ cancer-controversies/stress .
11 さらに詳しいことについては以下の記事を参照。' These things don ' t cause cancer, but people think they do ' by Yasemin Saplakoglu, 2017, available at www.livescience.com/62412-widespreadcancer- myths.html .
12 Stein, D.J., Newman, T.K., Savitz, J. and Ramesar, R. 2006. Warriors versus worriers: the role of COMT gene variants. *CNS Spectrums* 11: 745–8.
13 Gutleb, D.R., Roos, C., Noll, A., Ostner, J. and Sch u lke, O. 2018. COMT Val158Met moderates the link between rank and aggression in a non - human primate. *Genes, Brain and Behavior* 17: p.e12443.

第6章

1 最近のマイスペースの問題についてはジョン・ボードキンの記事「マイスペースはどうやら12年分の音楽を消失したようだが、そのことに誰も気が付かなかった」が詳しく、以下で閲覧可能。arstechnica.com/ informa-

tion-technology/2019/03/myspace-apparently-lost-12- years-worth-of-music-and-almost-no-one-noticed .
2 Valkenburg, P.M., Peter, J. and Schouten, A.P. 2006. Friend networking sites and their relationship to adolescents ' well-being and social self-esteem. *CyberPsychology and Behavior* 9: 584–90.
3 Wang, R., Yang, F. and Haigh, M.M. 2017. Let me take a selfi e: Exploring the psychological eff ects of posting and viewing selfi es and groupies on social media. *Telematics and Informatics* 34: 274–83.
4 Davila, J., Hershenberg, R., Feinstein, B.A., Gorman, K., Bhatia, V. and Starr, L.R. 2012. Frequency and quality of social networking among young adults: Associations with depressive symptoms, rumination, and corumination. *Psychology of Popular Media Culture* 1: 72.
5 Feinstein, B.A., Bhatia, V. and Davila, J. 2014. Rumination mediates the association between cyber-victimization and depressive symptoms. *Journal of Interpersonal Violence* 29: 1732–46.
6 Dobrean, A. and P ă s ă relu, C.R. 2016. Impact of Social Media on Social Anxiety: A Systematic. *New developments in Anxiety Disorders* : 129.
7 ソーシャルメディアの影響に関する一般的議論と、 その悪影響に関する証拠などについては以下を参照。www.bbc. com/future/story/20180104-is-social-media-bad-for-you-theevidence- and-the-unknowns .
8 Arampatzi, E., Burger, M.J. and Novik, N. 2018. Social network sites, individual social capital and happiness. *Journal of Happiness Studies* 19: 99–122.
9 Lakhiani, V. 2018. Science-based reasons why friends make us happier. *Mind Valley* 17 January 2018: blog.mindvalley.com/ why-friends-make-us-happier .
10 Matsumoto - Oda, A. and Oda, R. 1998. Changes in the activity budget of cycling female chimpanzees. *American Journal of Primatology* 46: 157–66.
11 Takano, M. 2018. Two types of social grooming methods depending on the trade-off between the number and strength of social relationships. *Royal Society Open Science* 5: p.180148.
12 Brondino, N., Fusar-Poli, L. and Politi, P. 2017. Something to talk about: gossip increases oxytocin levels in a near real-life situation. *Psychoneuroendocrinology* 77: 218–24.
13 Dunbar, R.I.M. 1993. Co-Evolution of neocortex size, group size and language I in humans. *Behavioral and Brain Sciences* 16: 681–735.
14 Dunbar, R.I.M. 1992. Neocortex size as a constraint on group size in primates. *Journal of Human Evolution* 22: 469–93.
15 Buettner, R. 2017. Getting a job via career-oriented social networking markets. *Electronic Markets* 27: 371–85.
16 W・L・ゴア・モデルについては以下で説明されている。www.ideaconnection.com/ interviews/00012-The-Tipping-Point.html .
17 Healy, S.D. and Rowe, C. 2006. A critique of comparative studies of brain size. *Proceedings of the Royal Society B: Biological Sciences* 274: 453–64.
18 Dunbar, R.I.M. 2012. Social cognition on the Internet: testing constraints on social network size. *Philosophical Transactions of the Royal Society B: Biolog-*

ical Sciences 367: 2192–201.
19 McCarty, C., Killworth, P.D., Bernard, H.R., Johnsen, E.C. and Shelley, G.A. 2001. Comparing two methods for estimating network size. *Human Organization* 60: 28–39.
20 Zhou, W.X., Sornette, D., Hill, R.A. and Dunbar, R.I. 2005. Discrete hierarchical organization of social group sizes. *Proceedings of the Royal Society B: Biological Sciences* 272: 439–44.
21 Dunbar, R.I.M. 2014. Mind the gap: or why humans aren ' t just great apes. In *Lucy to Language: The Benchmark Papers* : 3–18. Oxford University Press, Oxford.
22 Wellman, B. 2012. Is Dunbar ' s number up? *British Journal of Psychology* 103: 174–6.
23 フェイスブックの統計については以下のサイトを参照。 www.omnicore-agency.com/ facebook-statistics .

第7章

1 Ferguson, C.J. and Beaver, K.M. 2009. Natural born killers: The genetic origins of extreme violence. *Aggression and Violent Behavior* 14: 286–94.
2 G o mez, J.M., Verd u , M., Gonz a lez-Meg i as, A. and M e ndez, M. 2016. The phylogenetic roots of human lethal violence. *Nature* 538: 233–7.
3 重傷害（GBH grievous bodily harm）はイギリスの刑法上最も重い暴行の定義で、故意に傷害あるいは重傷を負わせること。
4 Frisell, T., Lichtenstein, P. and L a ngstr o m, N. 2011. Violent crime runs in families: a total population study of 12.5 million individuals. *Psychological Medicine* 41: 97–105.
5 Zhang-James, Y., Fern a ndez-Castillo, N., Hess, J.L., Malki, K., Glatt, S.J., Cormand, B. and Faraone, S.V. 2018. An integrated analysis of genes and functional pathways for aggression in human and rodent models. *Molecular Psychiatry* 1.
6 BBCによる「パンチ一発での死」に関する概説は以下で閲覧可能。www.bbc.co.uk/news/uk-38992393 .
7 この時のキャリアとフィッシュのやり取りについてはロサンゼルス・タイムズのアミーナ・カーンが解説している。www.latimes.com/ science/sciencenow/la-sci-sn-human-fi st-punching-evolutionmales--20151021-story.html .
8 この仮説とその受容についてはロサンゼルス・タイムズでジョフリー・モーハンが議論している。 www.latimes.com/science/sciencenow/la-sci-sn-face-fit-for-punches-20140609-story.html .
9 Nickle, D.C. and Goncharoff , L.M. 2013. Human fi st evolution: a critique. *Journal of Experimental Biology* 216: 2359–60.
10 Oka, R.C., Kissel, M., Golitko, M., Sheridan, S.G., Kim, N.C. and Fuentes, A. 2017. Population is the main driver of war group size and confl ict casualties. *Proceedings of the National Academy of Sciences* 114: E11101–E11110.
11 マイケル・プライスがこの研究に関する秀逸な概説をサイエンスに発表して

いる。 www.sciencemag.org/news/2017/12/why-humansociety- isn-t-more-or-less-violent-past .
12 イギリスにおけるこうした状況については 以下のBBC『リアリティ・チェック』で確認できる。 www.bbc.co.uk/news/ uk-44397532 .
13 Media Violence Commission, International Society for Research on Aggression (ISRA). Report of the Media Violence Commission. Aggressive Behavior 38: 335–41.
14 以下で議論されている。 www.theguardian.com/voluntary-sector-network/2014/sep/29/poverty-porn-charity-adverts-emotionalfundraising .
15 この研究に関する卓越した概説を以下で閲覧可。 www. telegraph.co.uk/news/science/11087683/Watching-violentfi lms-does-make-people-more-aggressive-study-shows.html .

第8章

1 ドラッグの費用に関する医学的調査の要約について以下で閲覧可。www.verywellmind.com/what-are-the-costs-of-drug-abuse-tosociety- 63037 .
2 アルコール研究所（Institute of Alcohol Studies）はアルコールに関連する事実、データの優れた情報源。 www.ias.org.uk/Alcoholknowledge- centre/Economic-impacts/Factsheets/Estimates-ofthe- cost-of-alcohol.aspx .
3 Goodchild, M., Nargis, N. and d ' Espaignet, E.T. 2018. Global economic cost of smoking-attributable diseases. *Tobacco Control* 27: 58–64.
4 www.drugabuse.gov/related-topics/trends-statistics/overdosedeath- rates .
5 アメリカの国立薬物乱用研究所がコカインについて優れた概説を提供している。 www.drugabuse.gov/publications/teachingpackets/ neurobiology-drug-addiction/section-iv-action-cocaine .
6 Kilts, C.D., Schweitzer, J.B., Quinn, C.K., Gross, R.E., Faber, T.L., Muhammad, F., Ely, T.D., Hoff man, J.M. and Drexler, K.P. 2001. Neural activity related to drug craving in cocaine addiction. *Archives of General Psychiatry* 58: 334–41.
7 Self, D.W. 1998. Neural substrates of drug craving and relapse in drug addiction. *Annals of Medicine* 30: 379–89.
8 Nutt, D., King, L.A., Saulsbury, W. and Blakemore, C. 2007. Development of a rational scale to assess the harm of drugs of potential misuse. *Lancet* 369: 1047–53.
9 Nutt, D. 2008. Equasy–an overlooked addiction with implications for the current debate on drug harms. *Journal of Psychopharmacology* 23: 3–5.
10 この完敗については以下に記されている。The debacle is described in www.theguardian.com/politics/ 2008/may/08/drugspolicy.drugsandalcohol .
11 Plowman, T. and Rivier, L. 1983. Cocaine and cinnamoylcocaine content of *Erythroxylum* species. *Annals of Botany* 51: 641–59.
12 コカイン製造の付加情報については以下を参照。 www.recovery.org/cocaines/how-made/ .
13 www.bbc.co.uk/newsbeat/article/40015726/cocaine-is-gettingstronger-drug-experts-warn .

14 コカの葉の咀嚼について詳しくは国連薬物犯罪事務所の報告を参照。www. unodc. org/unodc/en/data-and-analysis/bulletin/bulletin_1952-01-01_2_page009.html .
15 Jikomes, N. and Zoorob, M. 2018. The cannabinoid content of legal cannabis in Washington State varies systematically across testing facilities and popular consumer products. *Scientifi c Reports* 8: 4519.
16 Steigerwald, S., Wong, P.O., Khorasani, A. and Keyhani, S. 2018. The form and content of cannabis products in the United States. *Journal of General Internal Medicine* 33: 1426–8.
17 Gage, S.H. 2019. Cannabis and psychosis: triangulating the evidence. *The Lancet Psychiatry* 6: 364–5.
18 Sun, A.J. and Eisenberg, M.L. 2017. Association between marijuana use and sexual frequency in the United States: A population-based study. *The Journal of Sexual Medicine* 14: 1342–7.
19 Zemishlany, Z., Aizenberg, D. and Weizman, A. 2001. Subjective eff ects of MDMA (' Ecstasy ') on human sexual function. *European Psychiatry* 16: 127–30.
20 Boileau, I., Assaad, J.M., Pihl, R.O., Benkelfat, C., Leyton, M., Diksic, M., Tremblay, R.E. and Dagher, A. 2003. Alcohol promotes dopamine release in the human nucleus accumbens. *Synapse* 49: 226–31.
21 Carrigan, M.A., Uryasev, O., Frye, C.B., Eckman, B.L., Myers, C.R., Hurley, T.D. and Benner, S.A. 2015. Hominids adapted to metabolize ethanol long before human-directed fermentation. *Proceedings of the National Academy of Sciences* 112: 458–63.
22 アメリカ国立衛生研究所とアメリカ合衆国保健福祉省による適量飲酒に関する「科学の現状報告2003年版」は以下で閲覧可。 pubs.niaaa.nih.gov/ publications/ModerateDrinking-03.htm .
23 以下のイギリス政府のウェブサイトでゲーム機で正確にいくら負けるかがわかる。www.gamblingcommission. gov.uk/for-the-public/Safer-gambling/Consumer-guides/ Machines-Fruit-machines-FOBTs/Gaming-machine-payouts- RTP.aspx .
24 Paulson, J., 2018. Hardwired for Risk: The Clinical Utility of Exploring Evolutionary Aspects of Gambling. *Journal of Gambling Issues* 40: 174–9.

第9章

1 この発言とフェイクニュースに関するマーガレット・サリヴァンの考え方については以下のサイトで読むことができる。newslab.org/fake-news-has-lost-its-meaning-andpunch- posts-margaret-sullivan-says .
2 MacDonald, E. 2017. The fake news that sealed the fate of Antony and Cleopatra. *The Conversation* 13 January 2017: theconversation. com/the-fake-news-that-sealed-the-fate-of-antony-andcleopatra- 71287 .
3 Soll, J. 2016. The long and brutal history of fake news. *Politico Magazine* 18 December 2016: www.politico.com/magazine/ story/2016/12/fake-news-history-long-violent-214535 .

4 Hill, R. and Flanagan, J. 2019. The Maternal–Infant Bond: Clarifying the Concept. *International Journal of Nursing Knowledge* : onlinelibrary.wiley.com/doi/pdf/10.1111/2047-3095.12235 .
5 Kosfeld, M., Heinrichs, M., Zak, P.J., Fischbacher, U. and Fehr, E. 2005. Oxytocin increases trust in humans. *Nature* 435: 673.
6 Nave, G., Camerer, C. and McCullough, M. 2015. Does oxytocin increase trust in humans? A critical review of research. *Perspectives on Psychological Science* 10: 772–89.
7 Ide, J.S., Nedic, S., Wong, K.F., Strey, S.L., Lawson, E.A., Dickerson, B.C., Wald, L.L., La Camera, G. and Mujica-Parodi, L.R. 2018. Oxytocin attenuates trust as a subset of more general reinforcement learning, with altered reward circuit functional connectivity in males. *Neuroimage* 174: 35–43.
8 McNamara, J.M., Stephens, P.A., Dall, S.R. and Houston, A.I. 2008. Evolution of trust and trustworthiness: social awareness favours personality diff erences. *Proceedings of the Royal Society B: Biological Sciences* 276: 605–13.
9 Engelmann, J.M. and Herrmann, E. 2016. Chimpanzees trust their friends. *Current Biology* 26: 252–6.
10 Brosseau-Liard, P., Cassels, T. and Birch, S. 2014. You seem certain but you were wrong before: Developmental change in preschoolers ' relative trust in accurate versus confi dent speakers. *PloS One 9* : p.e108308.
11 Talamas, S.N., Mavor, K.I. and Perrett, D.I. 2016. Blinded by beauty: Attractiveness bias and accurate perceptions of academic performance. *PloS One* 11: p.e0148284.
12 Lalumi e re, M.L., Harris, G.T. and Rice, M.E. 2001. Psychopathy and developmental instability. *Evolution and Human Behavior* 22: 75–92.
13 Graham, J. and O zener, B. 2016. Fluctuating asymmetry of human populations: a review. *Symmetry* 8: 154.
14 Haslam, S.A. and Reicher, S.D. 2017. 50 years of ' obedience to authority ' : From blind conformity to engaged followership. *Annual Review of Law and Social Science* 13: 59–78.
15 Jarret, C. 2017. New analysis suggests most Milgram participants realised the ' obedience experiments ' were not really dangerous. *The British Psychology Society Research Digest* : digest.bps.org. uk/2017/12/12/interviews-with-milgram-participants-providelittle-support-for-the-contemporary-theory-of-engagedfollowership/

第10章

1 Pronin, E., Olivola, C.Y. and Kennedy, K.A. 2008. Doing unto future selves as you would do unto others: Psychological distance and decision making. *Personality and Social Psychology Bulletin* 34: 224-36.
2 Rand, D.G., Greene, J.D. and Nowak, M.A. 2012. Spontaneous giving and calculated greed. *Nature* 489: 427.
3 Lohse, J. 2016. Smart or selfi sh–When smart guys fi nish nice. *Journal of Behavioral and Experimental Economics* 64: 28–40.

4 Bouwmeester, S., Verkoeijen, P.P., Aczel, B., Barbosa, F., B e gue, L., Bra n as-Garza, P., Chmura, T.G., Cornelissen, G., D o ssing, F.S., Esp i n, A.M. and Evans, A.M. 2017. Registered replication report: Rand, Greene, and Nowak (2012). *Perspectives on Psychological Science* 12: 527-42.